수학 좀 한다면

디딤돌 초등수학 기본 6-1

펴낸날 [개정판 1쇄] 2024년 8월 10일 | **펴낸이** 이기열 | **펴낸곳** (주)디딤돌 교육 | **주소** (03972) 서울특별시 마포구 월드컵북로 122 청원선와이즈타워 | **대표전화** 02-3142-9000 | **구입문의** 02-322-8451 | **내용문의** 02-323-9166 | **팩시밀리** 02-338-3231 | **홈페이지** www.didimdol.co.kr | **등록번호** 제10-718호 | **구입한 후에는 철회되지 않으며 잘못 인쇄된 책은 바꾸어 드립니다. 이 책에 실린 모든 삽화 및 편집 형태에 대한 저작권은 (주)디딤돌 교육에 있으므로 무단으로 복사 복제할 수 없습니다. Copyright ⓒ Didimdol Co. [2502060]

내 실력에 딱!
최상위로 가는 '맞춤 학습 플랜'

STEP 1 On-line

나에게 맞는 공부법은?
맞춤 학습 가이드를 만나요.

교재 선택부터 공부법까지! 디딤돌에서 제공하는 시기별
맞춤 학습 가이드를 통해 아이에게 맞는 학습 계획을 세워 주세요.
(학습 가이드는 디딤돌 학부모카페 '맘이가'를 통해 상시 공지합니다.
cafe.naver.com/didimdolmom)

STEP 2 Book

맞춤 학습 스케줄표
계획에 따라 공부해요.

교재에 첨부된 '맞춤 학습 스케줄표'에 맞춰 공부 목표를
달성합니다.

STEP 3 On-line

이럴 땐 이렇게!
'맞춤 Q&A'로 해결해요.

궁금하거나 모르는 문제가 있다면,
'맘이가' 카페를 통해 질문을 남겨 주세요.
디딤돌 수학쌤 및 선배맘님들이 친절히 답변해 드립니다.

STEP 4 Book

다음에는 뭐 풀지?
다음 교재를 추천받아요.

학습 결과에 따라 후속 학습에 사용할 교재를 제시해 드립니다.
(교재 마지막 페이지 수록)

 ★ 디딤돌 플래너 만나러 가기

초등수학
기본

상위권으로 가는 기본기

6
1

개념 학습으로 잡는 올바른 공부 습관!

HELP!
공부했는데도
중요한 개념을 몰라요.

1 이 단원에서 꼭 알아야 할 핵심 개념!

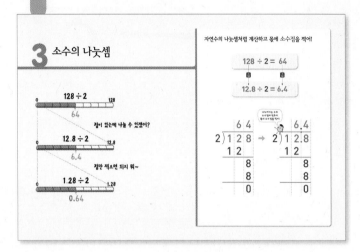

이 단원의 핵심 개념이 한 장의 사진
처럼 뇌에 남습니다.

HELP!
개념을 생각하지 않고
외워서 풀어요.

2 한 눈에 보이는 개념 정리!

개념 강의로 어렵지 않게 혼자
공부할 수 있어요.

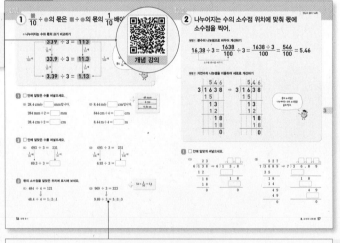

글만 줄줄 적혀 있는 개념은 이제
그만! 외우지 않아도 개념이 한눈에
이해됩니다.

3 몫의 소수점을 알맞은 위치에 표시해 보세요.

(1) 484 ÷ 4 = 121
↓
48.4 ÷ 4 = 1□2□1

(2) 969 ÷ 3 = 323
↓
9.69 ÷ 3 = 3□2□3

$54 \times \frac{1}{10} = 5.4$

문제를 외우지 않아도 배운 개념들이
떠올라요.

3 개념으로 문제 해결!

치밀하게 짜인 연계학습 문제들을 풀
다보면 이미 배운 내용과 앞으로 배
울 내용이 쉽게 이해돼요.

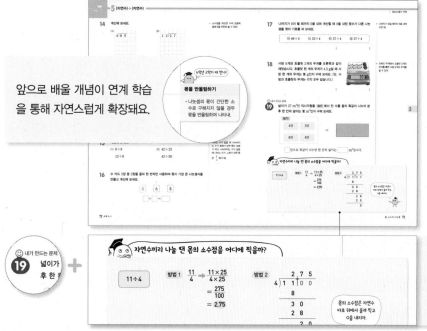

앞으로 배울 개념이 연계 학습
을 통해 자연스럽게 확장돼요.

개념 이해가 완벽한지 확인하는 방법!
내가 문제를 만들어 보기!

4 발전 문제로 개념 완성!

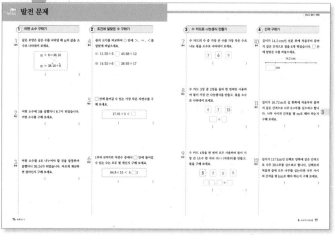

핵심 개념을 알면 어려운 문제는 없
습니다!

이 책의 **차례**

1 분수의 나눗셈

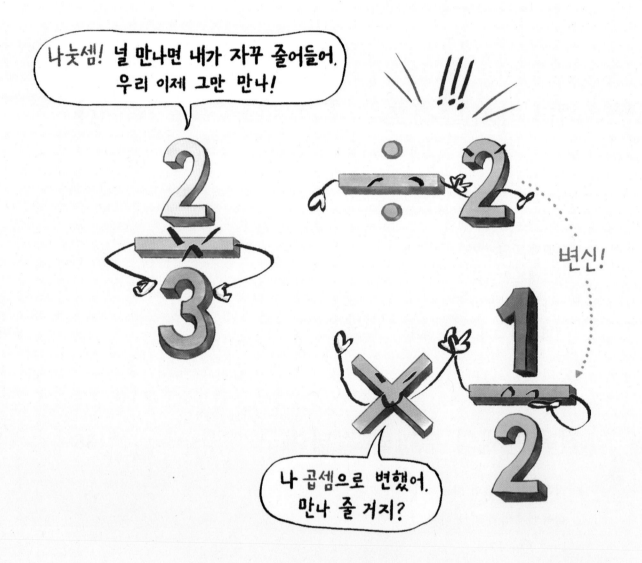

나눗셈을 곱셈으로 바꾸어 계산할 수 있어!

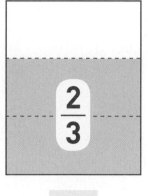

$\dfrac{2}{3}$의 반

$\dfrac{2}{3} \div 2$

$\dfrac{2}{3}$의 $\dfrac{1}{2}$

$\dfrac{2}{3} \times \dfrac{1}{2}$

$$\dfrac{2}{3} \div 2 = \dfrac{2}{3} \times \dfrac{1}{2}$$

1 (자연수)÷(자연수)의 몫을 분수로 나타낼 수 있어.

개념 강의

● 1÷(자연수)

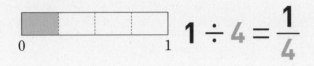

$$1 \div 4 = \frac{1}{4}$$

$$1 \div \bullet = \frac{1}{\bullet}$$

● 몫이 **1**보다 작은 (자연수)÷(자연수)

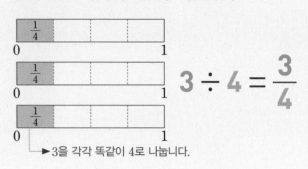
→ 3을 각각 똑같이 4로 나눕니다.

$$3 \div 4 = \frac{3}{4}$$

$$\blacksquare \div \bullet = \frac{\blacksquare}{\bullet}$$

1 2÷5의 몫을 분수로 나타내려고 합니다. 물음에 답하세요.

(1) 1÷5와 2÷5를 각각 그림으로 나타내고, 몫을 구해 보세요.

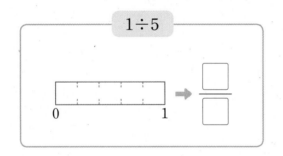

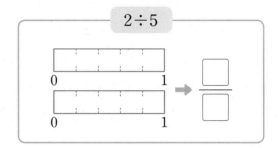

(2) ☐ 안에 알맞은 수를 써넣으세요.

$1 \div 5 = \dfrac{\square}{\square}$ 이므로 2÷5의 몫은 $\dfrac{1}{5}$ 이 ☐ 개인 $\dfrac{\square}{\square}$ 입니다.

2 그림을 보고 ☐ 안에 알맞은 수를 써넣으세요.

$2 \div \square = \dfrac{\square}{\square}$

2 ▲ ÷ ● 의 몫인 $\frac{▲}{●}$ 가 가분수라면?

● 나눗셈의 몫과 나머지를 구해 분수로 나타내기

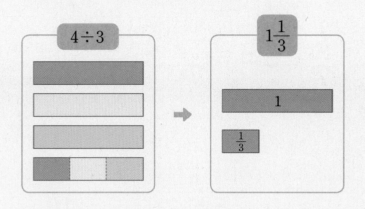

$$4 \div 3 = 1 \cdots 1$$

3으로 나누기

$$1 \text{과} \frac{1}{3} \rightarrow 1\frac{1}{3}$$

● 1 ÷ (자연수)를 이용하여 분수로 나타내기

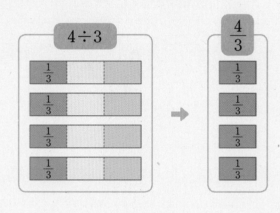

$\frac{1}{3}$ 이 4개

$$4 \div 3 = \frac{4}{3} = 1\frac{1}{3}$$

계산 결과가 가분수이면
대분수로 나타내.

1

---

1 □ 안에 알맞은 수를 써넣으세요.

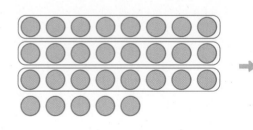

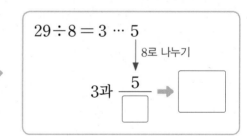

$$29 \div 8 = 3 \cdots 5$$

8로 나누기

$$3\text{과} \frac{5}{\square} \rightarrow \boxed{}$$

2 그림을 보고 □ 안에 알맞은 수를 써넣으세요.

(1)
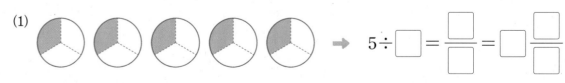

$$5 \div \square = \frac{\square}{\square} = \square \frac{\square}{\square}$$

(2)
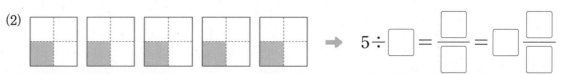

$$5 \div \square = \frac{\square}{\square} = \square \frac{\square}{\square}$$

3 $\dfrac{\blacktriangle}{\blacksquare} \div$ (자연수)에서 ▲가 자연수의 배수이면?

● 분자가 자연수의 배수인 (분수)÷(자연수)

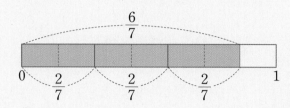

$$\frac{6}{7} \div 3 = \frac{6 \div 3}{7} = \frac{2}{7}$$

$\frac{6}{7}$은 $\frac{1}{7}$이 6개 $\frac{2}{7}$는 $\frac{1}{7}$이 2개

● 분자가 자연수의 배수가 아닌 (분수)÷(자연수)

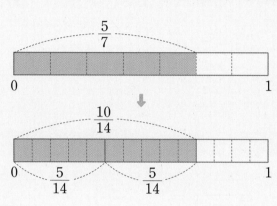

분모와 분자에 같은 수 곱하기

$$\frac{5}{7} \div 2 = \frac{5 \times 2}{7 \times 2} \div 2 = \frac{10}{14} \div 2$$

$$= \frac{10 \div 2}{14} = \frac{5}{14}$$

---

1 그림을 보고 ☐ 안에 알맞은 수를 써넣으세요.

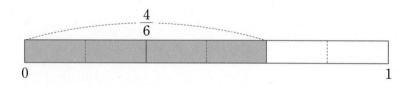

$$\frac{4}{6} \div 2 = \frac{4 \div \boxed{}}{6} = \frac{\boxed{}}{6}$$

2 그림을 보고 ☐ 안에 알맞은 수를 써넣으세요.

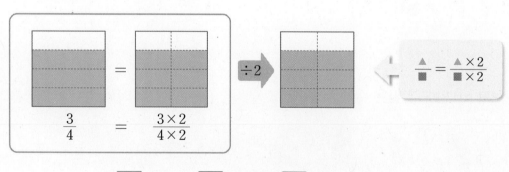

$$\frac{3}{4} = \frac{3 \times 2}{4 \times 2}$$

$\div 2$

$\dfrac{\blacktriangle}{\blacksquare} = \dfrac{\blacktriangle \times 2}{\blacksquare \times 2}$

$$\frac{3}{4} \div 2 = \frac{\boxed{}}{8} \div 2 = \frac{\boxed{} \div 2}{8} = \frac{\boxed{}}{\boxed{}}$$

4 ÷●는 똑같이 ●로 나눈 것 중의 1이니까 곱셈으로 나타내어 계산할 수 있어.

● (분수)÷(자연수)를 분수의 곱셈으로 나타내기

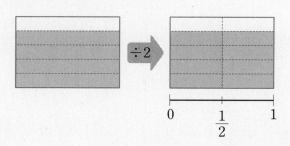

$$\frac{4}{5} \div 2 \;\rightarrow\; \frac{4}{5}의 \frac{1}{2} \;\rightarrow\; \frac{4}{5} \times \frac{1}{2}$$

$\dfrac{4}{5} \div 2$의 몫은 $\dfrac{4}{5}$를 2등분한 것 중의 하나야.

$$\frac{\blacktriangle}{\blacksquare} \div \bullet = \frac{\blacktriangle}{\blacksquare} \times \frac{1}{\bullet}$$

곱셈으로

---

1 그림을 보고 ☐ 안에 알맞은 수를 써넣으세요.

(1)

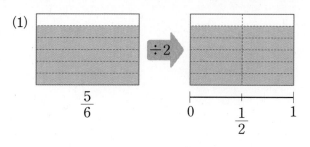

$$\rightarrow \frac{5}{6} \div 2 = \frac{5}{6} \times \frac{\square}{\square} = \frac{\square}{\square}$$

(2)

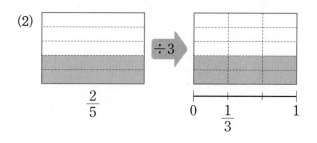

$$\rightarrow \frac{2}{5} \div 3 = \frac{2}{5} \times \frac{\square}{\square} = \frac{\square}{\square}$$

2 $\dfrac{4}{7} \div 5$를 분수의 곱셈으로 바르게 나타낸 것을 찾아 기호를 써 보세요.

| ㉠ $\dfrac{4}{7} \times 5$ | ㉡ $\dfrac{7}{4} \times 5$ | ㉢ $\dfrac{4}{7} \times \dfrac{1}{5}$ | ㉣ $\dfrac{7}{4} \times \dfrac{1}{5}$ |

(   )

3 ☐ 안에 알맞은 수를 써넣으세요.

(1) $\dfrac{3}{8} \div 2 = \dfrac{3}{8} \times \dfrac{1}{\boxed{}} = \dfrac{\boxed{}}{\boxed{}}$

분수의 곱셈
$$\dfrac{\bullet}{\blacksquare} \times \dfrac{\star}{\blacktriangle} = \dfrac{\bullet \times \star}{\blacksquare \times \blacktriangle}$$

(2) $\dfrac{5}{7} \div 3 = \dfrac{5}{7} \times \dfrac{1}{\boxed{}} = \dfrac{\boxed{}}{\boxed{}}$

4 보기 와 같은 방법으로 계산해 보세요.

> **보기**
>
> $$\dfrac{8}{21} \div 4 = \dfrac{\overset{2}{\cancel{8}}}{21} \times \dfrac{1}{\underset{1}{\cancel{4}}} = \dfrac{2}{21}$$

(1) $\dfrac{14}{15} \div 7$ _____

(2) $\dfrac{8}{9} \div 6$ _____

5 계산 결과가 같은 두 식을 찾아 기호를 써 보세요.

> ㉠ $\dfrac{5}{8} \div 4$ ㉡ $\dfrac{5}{9} \div 6$ ㉢ $\dfrac{5}{16} \div 2$

(   )

6 나눗셈식의 몫을 구하고 계산한 결과가 맞는지 확인해 보세요.

(1) $\dfrac{8}{13} \div 3 = \boxed{}$

확인 $3 \times \boxed{} = \boxed{}$

(2) $\dfrac{7}{10} \div 6 = \boxed{}$

확인 $6 \times \boxed{} = \boxed{}$

5 대분수를 가분수로 바꾼 다음 곱셈으로 나타내 봐.

● (대분수)÷(자연수)를 두 가지 방법으로 계산하기

방법 1 분자를 자연수의 배수로 바꾸어 계산하기

$$1\frac{3}{4} \div 3 = \frac{7}{4} \div 3 = \frac{21}{12} \div 3 = \frac{21 \div 3}{12} = \frac{7}{12}$$

분모와 분자에 같은 수 곱하기

방법 2 나눗셈을 곱셈으로 나타내어 계산하기

가분수로

$$1\frac{3}{4} \div 3 = \frac{7}{4} \div 3 = \frac{7}{4} \times \frac{1}{3} = \frac{7}{12}$$

곱셈으로

더 편한 방법으로 계산해.

1

---

1 $1\frac{5}{7} \div 3$을 두 가지 방법으로 계산하려고 합니다. ☐ 안에 알맞은 수를 써넣으세요.

방법 1 $1\frac{5}{7} \div 3 = \dfrac{\boxed{}}{7} \div 3 = \dfrac{\boxed{} \div 3}{7} = \dfrac{\boxed{}}{7}$

> 대분수를 가분수로 바꾸는 방법
> $1\frac{3}{4} = 1 + \frac{3}{4} = \frac{4}{4} + \frac{3}{4} = \frac{7}{4}$

방법 2 $1\frac{5}{7} \div 3 = \dfrac{\boxed{}}{7} \div 3 = \dfrac{\boxed{}}{7} \times \dfrac{1}{\boxed{}} = \dfrac{\boxed{}}{21} = \dfrac{\boxed{}}{7}$

---

2 보기 와 같은 방법으로 계산해 보세요.

(1) 보기

$$2\frac{2}{5} \div 4 = \frac{12}{5} \div 4 = \frac{12 \div 4}{5} = \frac{3}{5}$$

➡ $3\frac{5}{9} \div 8$ ....

(2) 보기

$$2\frac{5}{7} \div 5 = \frac{19}{7} \div 5 = \frac{19}{7} \times \frac{1}{5} = \frac{19}{35}$$

➡ $3\frac{2}{3} \div 10$ ....

1 나눗셈의 몫을 기약분수로 나타내어 보세요.

(1) $1 \div 9$

$2 \div 9$

$3 \div 9$

(2) $4 \div 5$

$4 \div 6$

$4 \div 7$

 보기 와 같이 계산해 보세요.

보기

$$\frac{5}{9} \div \frac{8}{9} = 5 \div 8 = \frac{5}{8}$$

$$\frac{4}{13} \div \frac{7}{13} = \boxed{} \div \boxed{} = \frac{\boxed{}}{\boxed{}}$$

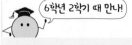
6학년 2학기 때 만나!

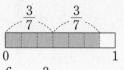
분모가 같은 (분수)÷(분수)

$$\frac{3}{7} \qquad \frac{3}{7}$$

0   1

$\frac{6}{7}$에서 $\frac{3}{7}$을 2번 덜어 낼

수 있으므로

$\frac{6}{7} \div \frac{3}{7} = 6 \div 3 = 2$

입니다.

2 나눗셈의 몫을 대분수로 나타내어 보세요.

(1) $7 \div 6$

$7 \div 5$

$7 \div 4$

(2) $8 \div 7$

$9 \div 7$

$10 \div 7$

3 ☐ 안에 알맞은 수를 써넣으세요.

(1) $1 \div \boxed{} = \frac{1}{14}$

(2) $\boxed{} \div 9 = \frac{7}{9}$

▶ $■ \div ● = \dfrac{■}{●}$

4 ☐ 안에 알맞은 수를 써넣으세요.

(1) $17 ÷ 8 = 2 \cdots 1$

$\downarrow ÷8$

$17 ÷ 8 = \boxed{} \dfrac{\boxed{}}{\boxed{}}$

(2) $23 ÷ 6 = 3 \cdots \boxed{}$

$÷6$

$23 ÷ 6 = \boxed{} \dfrac{\boxed{}}{\boxed{}}$

▶ 나머지를 분수로 나타낼 수 있어.

5 오른쪽과 같이 저울 위에 무게가 같은 쇠구슬을 8개 올려놓았습니다. 쇠구슬 한 개의 무게는 몇 kg인지 분수로 나타내어 보세요.

( )

▶ 5개   10 kg
  ↓÷5 ↓÷5
  1개   2 kg

6 계산하지 않고 몫의 크기를 비교하여 ○ 안에 >, =, <를 알맞게 써넣으세요.

(1) $2 \div 13$ ◯ $2 \div 15$ (2) $8 \div 21$ ◯ $8 \div 17$

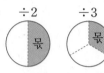

나누어지는 수가 같을 때 큰 수로 나눌수록 몫은 작아져.

 내가 만드는 문제

7 주스 1 L를 같은 색 컵에 똑같이 나누어 담으려고 합니다. 주스를 담을 컵의 색을 골라 쓰고, 주스 1 L를 똑같이 나누어 담는다면 한 개의 컵에 주스가 몇 L씩 담기는지 분수로 나타내어 보세요.

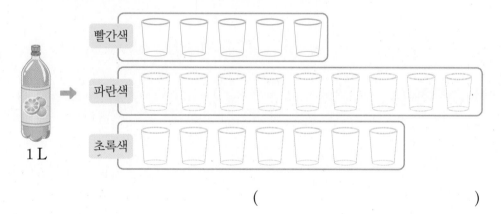

( )

🐟 **계산하기 전에 몫이 1보다 큰지 작은지 알 수 있을까?**

$$3 \div 4 = \frac{3}{4} \rightarrow \boxed{\frac{3}{4} < 1} \qquad 4 \div 3 = \frac{4}{3} = 1\frac{1}{3} \rightarrow \boxed{1\frac{1}{3} > 1}$$
$$\underset{3<4}{}\qquad\qquad\qquad\underset{4>3}{}$$

➡ ■ ÷ ▲ 에서 ┌ ■ < ▲이면 몫 $\frac{■}{▲}$가 1보다 (작습니다 , 큽니다).
　　　　　　　└ ■ > ▲이면 몫 $\frac{■}{▲}$가 1보다 (작습니다 , 큽니다).

8 보기 와 같이 $\frac{5}{6} \div 3$을 그림으로 나타내어 보고 몫을 구해 보세요.

▶ ÷3은 주어진 모양을 똑같이 3으로 나누는 거야.

보기

$$\frac{1}{5} \div 2 = \frac{1}{10}$$

$$\frac{5}{6} \div 3 = \frac{\boxed{}}{\boxed{}}$$

9 계산해 보세요.

▶ 분자가 나누는 자연수의 배수가 아닌 경우는 분자를 자연수의 배수로 만들어 봐.

(1) $\frac{8}{15} \div 4$　　　　　(2) $\frac{6}{11} \div 3$

(3) $\frac{5}{7} \div 3$　　　　　(4) $\frac{7}{12} \div 5$

10 빈칸에 알맞은 분수를 써넣으세요.

	÷2	÷4	÷8
$\frac{8}{9}$	$\frac{4}{9}$		

11 계산하지 않고 몫의 크기를 비교하여 ○ 안에 >, =, <를 알맞게 써넣으세요.

▶ 나누는 수가 같을 때 큰 수를 나눌수록 몫은 커지고, 나누어지는 수가 같을 때 큰 수로 나눌수록 몫은 작아져.

(1) $\frac{8}{15} \div 6$ ◯ $\frac{13}{15} \div 6$ 　　(2) $\frac{7}{18} \div 7$ ◯ $\frac{7}{18} \div 5$

12 둘레가 $\dfrac{7}{15}$ m인 마름모가 있습니다. 이 마름모의

한 변의 길이는 몇 m인지 구해 보세요.

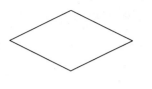

(   )

▶ 마름모는 네 변의 길이가 모두 같은 사각형이야.

13 계산 결과에 맞는 길을 찾아 선을 그어 보세요.

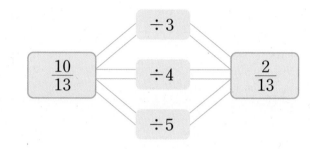

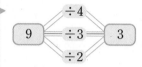

나눗셈식에 맞게 선을 그어야 해.

☺ 내가 만드는 문제

14 ⬡ 안에 진분수를 하나 써넣고 빈 곳에 알맞은 수를 써넣으세요.

⬡ → ÷3 → ☐ → ÷3 → ☐

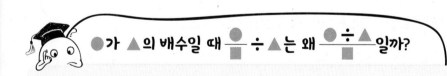
● 가 ▲의 배수일 때 $\dfrac{●}{■} ÷ ▲$ 는 왜 $\dfrac{●÷▲}{■}$ 일까?

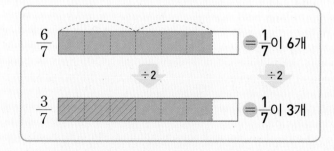

$$\dfrac{6}{7} ÷ 2 = \dfrac{6÷2}{7} = \dfrac{\boxed{}}{7}$$

그래서 분자만 나누면 되는군.

15 관계있는 것끼리 이어 보세요.

$$\frac{8}{11} \div 8 \qquad \frac{1}{4} \div 6$$

$$\frac{8}{11} \times 8 \qquad \frac{1}{4} \times \frac{1}{6} \qquad \frac{1}{4} \times 6 \qquad \frac{8}{11} \times \frac{1}{8}$$

16 계산해 보세요.

(1) $\dfrac{7}{8} \div 3$ 　　　　　　(2) $\dfrac{5}{13} \div 4$

➕ 계산해 보세요.

$$\frac{4}{9} \div \frac{5}{7} = \frac{4}{9} \times \frac{7}{5} = \frac{4 \times \boxed{}}{9 \times 5} = \frac{\boxed{}}{\boxed{}}$$

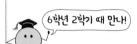

(분수)÷(분수)를
(분수)×(분수)로 나타내기

곱셈으로 바꾸기

$$\frac{5}{7} \div \frac{3}{4} = \frac{5}{7} \times \frac{4}{3} = \frac{20}{21}$$

분모와 분자 바꾸기

① 나눗셈을 곱셈으로 나타내기
② 나누는 분수의 분모와 분자를 바꾸기

17 다음을 나눗셈식으로 나타내고 계산해 보세요.

$$\frac{9}{13} \text{를 6등분한 것 중의 하나}$$

➡ ....

▶ 등분은 똑같이 나누는 거야.

18 계산 결과가 가장 큰 식을 찾아 ○표 하세요.

$$\frac{7}{15} \div 7 \qquad\qquad \frac{6}{13} \div 6 \qquad\qquad \frac{9}{14} \div 9$$

(　　　) 　　　　(　　　) 　　　　(　　　)

▶ 단위분수는 분모가 작을수록 큰 수인 걸 잊지 않았지?

19 준희가 자전거를 타고 일정한 빠르기로 3분 동안 $\dfrac{7}{11}$ km를 갔습니다.

준희가 자전거를 타고 1분 동안 간 거리는 몇 km인지 분수로 나타내어 보세요.

(   )

20 규칙을 찾아 빈칸에 알맞은 수를 써넣으세요.

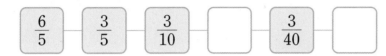

▶ 두 번째 분수부터 분자는 그대로이고 분모는 커지고 있어.

☺ 내가 만드는 문제

21 분수 카드와 자연수 카드를 하나씩 골라서 (분수)÷(자연수)의 나눗셈식을 만들고 몫을 기약분수로 나타내어 보세요.

▶ 여러 가지 식을 만들 수 있어.

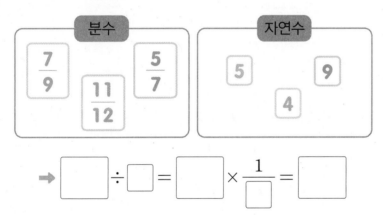

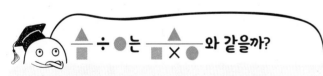

$\dfrac{3}{8}$ ◫ $=\dfrac{3\times2}{8\times2}$ ◫

↓÷2

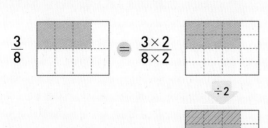
$\dfrac{3}{8}\div2=\dfrac{3\times2}{8\times2}\div2=\dfrac{3\times2\div2}{8\times2}=\dfrac{\boxed{}}{8\times2}$

분자가 ●의 배수가 되도록 한 다음에 계산해 봐.

22 계산해 보세요.

(1) $1\dfrac{3}{8} \div 5$

$2\dfrac{3}{8} \div 5$

$3\dfrac{3}{8} \div 5$

(2) $4\dfrac{2}{9} \div 7$

$3\dfrac{2}{9} \div 7$

$2\dfrac{2}{9} \div 7$

▶ 대분수를 가분수로 바꾼 다음 (분수)÷(자연수)와 같은 방법으로 계산해야 해.

23 계산이 <u>잘못된</u> 곳을 찾아 바르게 계산해 보세요.

$$1\dfrac{8}{9} \div 4 = 1\dfrac{8 \div 4}{9} = 1\dfrac{2}{9}$$

24 나눗셈의 몫이 1과 2 사이인 식을 찾아 ○표 하세요.

| $3\dfrac{3}{4} \div 2$ | $3\dfrac{3}{4} \div 5$ |

▶ ■÷▲

■＞▲이면 몫이 1보다 크고,
■＜▲이면 몫이 1보다 작아.

25 ☐ 안에 알맞은 수를 써넣으세요.

(1) $1\dfrac{3}{5} \div 3 = \boxed{}$

$\boxed{} \times \boxed{} = 1\dfrac{3}{5}$

(2) $2\dfrac{2}{5} \div 5 = \boxed{}$

$\boxed{} \times \boxed{} = 2\dfrac{2}{5}$

▶ ●÷■＝▲

▲×■＝●

기둥과 뿔을 구분하고, 밑면의 모양으로 이름을 정해!

밑면의 모양과 변의 수	각기둥	각뿔
3	삼각기둥	삼각뿔
4	사각기둥	사각뿔
5	오각기둥	오각뿔
6	육각기둥	육각뿔

한 밑면의 변의 수가 ■개인 각기둥은 ■각기둥!
밑면의 변의 수가 ■개인 각뿔은 ■각뿔!

1 서로 평행한 두 면이 합동인 다각형으로 이루어진 입체도형은?

개념 강의

● 각기둥 찾기

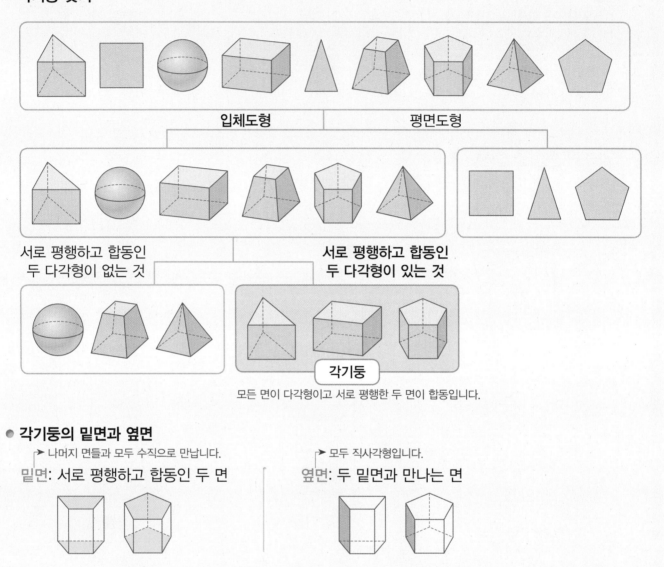

각기둥
모든 면이 다각형이고 서로 평행한 두 면이 합동입니다.

● 각기둥의 밑면과 옆면

➤ 나머지 면들과 모두 수직으로 만납니다.
밑면: 서로 평행하고 합동인 두 면

➤ 모두 직사각형입니다.
옆면: 두 밑면과 만나는 면

---

1 도형을 분류하려고 합니다. 빈 곳에 알맞은 기호를 써넣으세요.

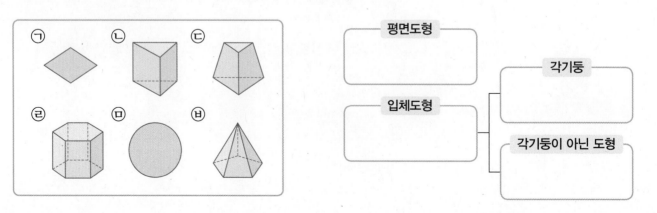

2 밑면의 모양에 따라 각기둥의 이름이 정해져.

● 각기둥의 이름

각기둥				
밑면의 모양	삼각형	사각형	오각형	육각형
각기둥의 이름	삼각기둥	사각기둥	오각기둥	육각기둥

● 각기둥의 구성 요소

- 모서리: 면과 면이 만나는 선분
- 꼭짓점: 모서리와 모서리가 만나는 점
- 높이: 두 밑면 사이의 거리

모서리   꼭짓점   높이

2

---

1 각기둥을 보고 밑면의 모양과 각기둥의 이름을 각각 써 보세요.

(1)

밑면의 모양	각기둥의 이름

(2)

밑면의 모양	각기둥의 이름

---

2 표를 완성하고 ☐ 안에 알맞은 수를 써넣으세요.

도형			
한 밑면의 변의 수(개)	3		
꼭짓점의 수(개)			10
면의 수(개)	5		
모서리의 수(개)		12	

- (꼭짓점의 수)
  = (한 밑면의 변의 수) × ☐
- (면의 수)
  = (한 밑면의 변의 수) + ☐
- (모서리의 수)
  = (한 밑면의 변의 수) × ☐

3 어느 모서리를 잘라 전개도를 만들까?

● **각기둥의** <u>전개도</u>
→ 각기둥의 모서리를 잘라서 평면 위에 펼쳐 놓은 그림

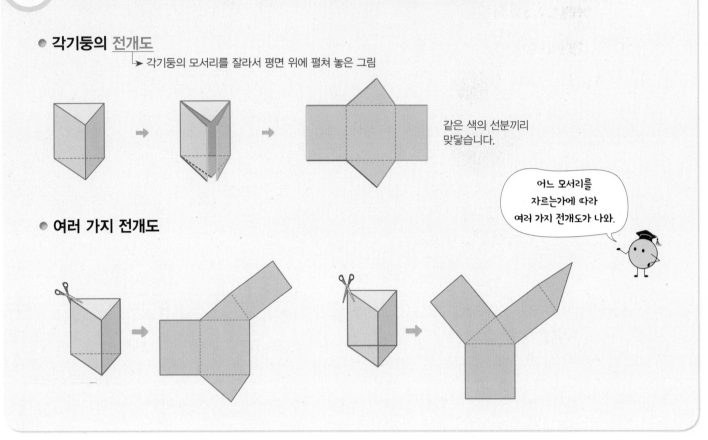

같은 색의 선분끼리
맞닿습니다.

● **여러 가지 전개도**

어느 모서리를
자르는가에 따라
여러 가지 전개도가 나와.

---

1 주어진 각기둥의 모서리를 잘라 펼쳤을 때의 모양으로 알맞은 것을 찾아 ○표 하세요.

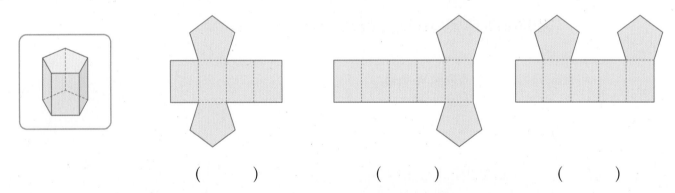

(   )   (   )   (   )

---

2 각기둥의 전개도를 보고 알맞은 말에 ○표 하고, ☐ 안에 알맞은 기호를 써넣으세요.

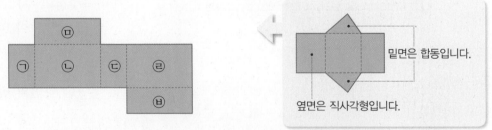

밑면은 합동입니다.

옆면은 직사각형입니다.

(1) 위의 모양을 접으면 (삼각기둥 , 사각기둥 , 오각기둥)이 만들어집니다.

(2) 한 밑면이 ㉺일 때 다른 밑면은 ☐입니다.

4 전개도를 접었을 때 만나는 모서리의 길이는 같아.

● 각기둥의 전개도 그리기

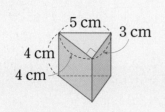

주의

① 접었을 때 서로 겹치는 면이 없어야 합니다.

② 접었을 때 맞닿는 선분의 길이가 같아야 합니다.

③ 옆면의 수는 한 밑면의 변의 수와 같아야 합니다.

방법 1 기본 전개도

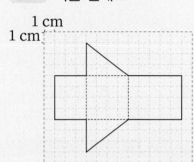

옆면 3개를 그린 후 밑면 2개를 위, 아래에 1개씩 그려.

방법 2 밑면 옮기기

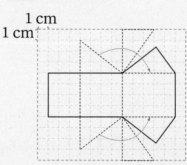

밑면을 돌려 길이가 같은 변이 있는 옆면에 붙여.

방법 3 옆면 옮기기

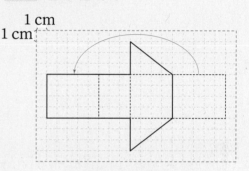

접었을 때 만나는 옆면을 다른 면 옆에 붙여.

2

1 오른쪽 오각기둥의 전개도를 그리려고 합니다. ☐ 안에 알맞게 써넣고, 물음에 답하세요.

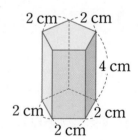

(1) 밑면이 ☐ 개, 옆면이 ☐ 개가 되도록 그립니다.

(2) 밑면은 오각형, 옆면은 ☐ 모양으로 그립니다.

(3) 전개도를 완성해 보세요.

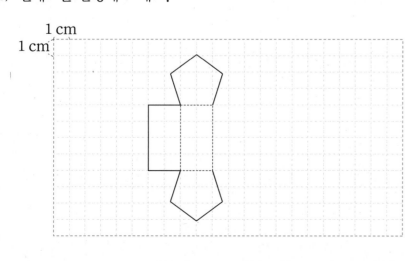

각기둥의 두 밑면은 서로 합동이야.

1 도형을 분류하려고 합니다. 표의 빈칸에 알맞은 기호를 써넣으세요.

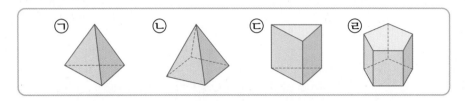

서로 평행한 두 면이 있는 것	서로 평행한 두 면이 없는 것

➕ 마주 보는 두 면이 서로 평행하고 합동인 입체도형을 모두 찾아 기호를 써 보세요.

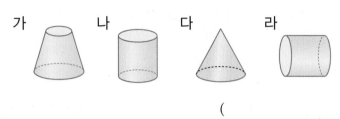

(   )

▶ 각기둥이 아닌 이유

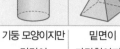

기둥 모양이지만 밑면이 다각형이 아님	밑면이 다각형이지만 기둥 모양이 아님

6학년 2학기 때 만나!

원기둥 알아보기

다음과 같은 입체도형을 원기둥이라고 합니다.

2 각기둥에서 밑면을 모두 찾아 색칠해 보세요.

(1)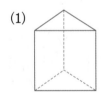

(2)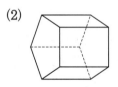

▶ 위와 아래에 있는 면이 꼭 밑면은 아니야.

3 각기둥을 보고 밑면과 옆면의 모양을 써 보세요.

각기둥			
밑면의 모양			
옆면의 모양			

▶ 각기둥은 밑면의 모양은 다르지만 옆면의 모양은 모두 같아.

4 각기둥의 겨냥도를 완성해 보세요.

(1)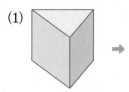

(2)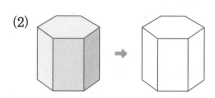

▶ 겨냥도에서
보이는 모서리 ➡ 실선
보이지 않는 모서리 ➡ 점선

5 각기둥에 대해 잘못 설명한 사람의 이름을 써 보세요.

옆면은 모두
직사각형이야.
한수

밑면과 옆면은 수직
으로 만나.
희성

밑면은 5개야.
민석

(   )

▶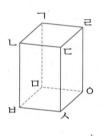
밑면
옆면
밑면

😊 내가 만드는 문제

6 각기둥의 면 중 하나를 밑면으로 정해 색칠하고 옆면을
모두 써 보세요.

(   )

▶ 옆면은 두 밑면과 수직으로 만나.

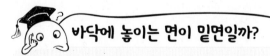
바닥에 놓이는 면이 밑면일까?

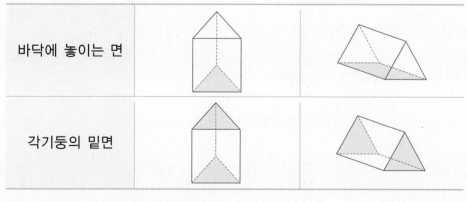

| 바닥에 놓이는 면 | | |
| 각기둥의 밑면 | | |

어떤 면이 바닥에 놓이든
서로 평행하고 합동인
두 면이 밑면!

➡ 밑면은 기본이 되는 면을 뜻합니다.

2 각기둥의 이름

7 성냥은 마찰에 의하여 불을 일으키는 물건입니다. 옛날에는 오른쪽 그림과 같은 성냥갑에 성냥을 담아 사용했습니다. 성냥갑과 같은 모양의 각기둥의 이름을 써 보세요.

( )

▶ 각기둥의 이름은 밑면의 모양이 결정해.

8 각기둥의 이름이 다른 하나를 찾아 기호를 써 보세요.

가   나   다   라

  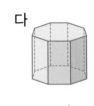 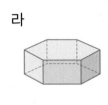

( )

▶ 밑면의 모양이 다른 하나는?

9 각기둥의 겨냥도에서 모서리는 파란색으로, 꼭짓점은 빨간색으로 표시해 보세요.

(1)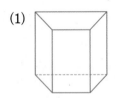

(2)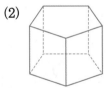

▶ 점선으로 나타낸 부분도 모서리야.

10 각기둥의 높이는 몇 cm인지 써 보세요.

(1)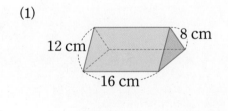

12 cm   8 cm
16 cm

(2)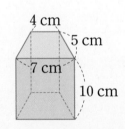

4 cm
5 cm
7 cm
10 cm

( )   ( )

▶ 밑면을 알면 높이를 알 수 있어.

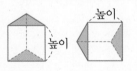
높이

23 삼각기둥의 전개도에서 밑면 한 개를 옮겨 전개도를 알맞게 그려 보세요.

▶ 같은 길이의 모서리끼리 만나야 해.

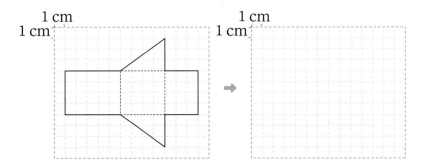

😊 내가 만드는 문제

24 다음 중 원하는 각기둥을 하나 골라 ○표 하고, 고른 각기둥의 전개도를 그려 보세요.

▶ ■각기둥의 전개도를 그릴 때 밑면은 2개, 옆면은 ■개 그려야 해.

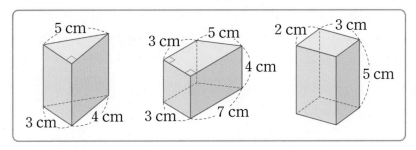

전개도는 한 가지 모양으로만 그릴 수 있을까?

● 오각기둥의 전개도

ㄱ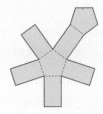

ㄴ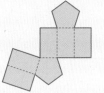

ㄷ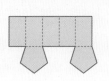

ㄹ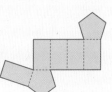

➡ 오각기둥을 만들 수 없는 전개도는 ☐ 입니다.

전개도는 여러 가지 모양으로 그릴 수 있어.

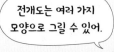

5 옆으로 둘러싼 면이 모두 삼각형이고 한 점에서 만나는 입체도형은?

개념 강의

● 각뿔 찾기

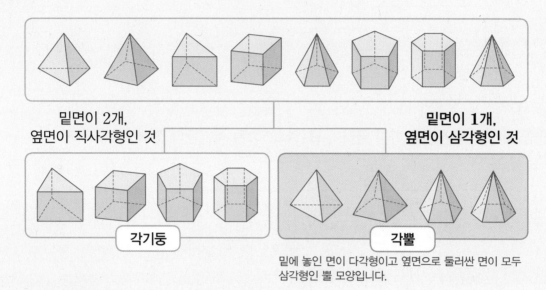

밑면이 2개,
옆면이 직사각형인 것

밑면이 1개,
옆면이 삼각형인 것

각기둥

각뿔

밑에 놓인 면이 다각형이고 옆면으로 둘러싼 면이 모두
삼각형인 뿔 모양입니다.

● 각뿔의 밑면과 옆면

모두 삼각형입니다.

밑면: 색칠한 면과 같은 면

옆면: 밑면과 만나는 면

1 도형을 분류하려고 합니다. 빈칸에 알맞은 기호를 써넣으세요.

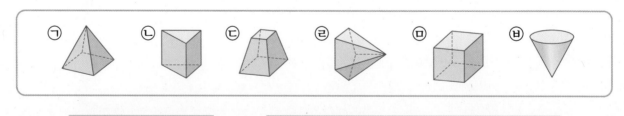

ㄱ　ㄴ　ㄷ　ㄹ　ㅁ　ㅂ

밑면이 다각형인 도형	➡	각기둥	각뿔

2 각뿔에서 색칠한 면은 밑면과 옆면 중 어느 것인지 골라 ○표 하세요.

(1)

(밑면 , 옆면)

(2)

(밑면 , 옆면)

6 밑면의 모양에 따라 각뿔의 이름이 정해져.

● **각뿔의 이름**

각뿔				
밑면의 모양	삼각형	사각형	오각형	육각형
각뿔의 이름	삼각뿔	사각뿔	오각뿔	육각뿔

● **각뿔의 구성 요소**

- 모서리: 면과 면이 만나는 선분
- 꼭짓점: 모서리와 모서리가 만나는 점
- 각뿔의 꼭짓점: 꼭짓점 중에서 옆면이 모두 만나는 점
- 높이: 각뿔의 꼭짓점에서 밑면에 수직인 선분의 길이

각뿔의 꼭짓점

모서리 꼭짓점 높이

---

1 각뿔을 보고 밑면의 모양과 각뿔의 이름을 각각 써 보세요.

(1)

밑면의 모양	각뿔의 이름

(2)

밑면의 모양	각뿔의 이름

2 표를 완성하고 ☐ 안에 알맞은 수를 써넣으세요.

도형			
밑면의 변의 수(개)	3		5
꼭짓점의 수(개)		5	
면의 수(개)	4		
모서리의 수(개)			10

- (꼭짓점의 수)
  = (밑면의 변의 수) + ☐
- (면의 수)
  = (밑면의 변의 수) + ☐
- (모서리의 수)
  = (밑면의 변의 수) × ☐

1 각뿔을 모두 찾아 기호를 써 보세요.

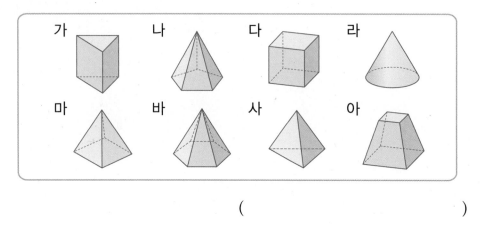

(   )

▶ 각뿔이 아닌 이유

| 뿔 모양이지만 밑면이 다각형이 아님 | 밑면이 다각형이지만 뿔 모양이 아님 |

➕ 평평한 면이 원이고 옆을 둘러싼 면이 굽은 면인 뾰족한 뿔 모양의 입체도형을 모두 찾아 기호를 써 보세요.

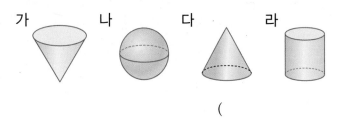

(   )

🎓 6학년 2학기 때 만나!

원뿔 알아보기

다음과 같은 입체도형을 원뿔이라고 합니다.

2 오른쪽 각뿔을 보고 물음에 답하세요.

(1) 밑면을 찾아 써 보세요.

(   )

(2) 옆면은 모두 몇 개인지 써 보세요.

(   )

▶ 각뿔은 옆면의 모양이 항상 삼각형이야.

3 각뿔을 잘라 오른쪽과 같은 입체도형을 만들었습니다. 만든 입체도형에 대해 바르게 설명한 사람의 이름을 써 보세요.

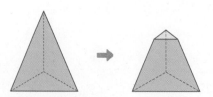

▶ 각뿔은 뿔 모양이야.

> 해수: 각뿔을 잘라 만든 입체도형도 각뿔이야.
> 하늘: 옆면이 사각형이므로 각기둥이야.
> 초아: 밑면이 1개가 아니니까 각뿔이 아니야.

(   )

4 각뿔을 보고 밑면과 옆면의 모양을 써 보세요.

각뿔			
밑면의 모양			
옆면의 모양			

▶ 각뿔은 밑면의 모양은 다르지만 옆면의 모양은 모두 같아.

5 오각뿔과 오각기둥에서 같은 것을 찾아 기호를 써 보세요.

> ㉠ 밑면의 모양   ㉡ 옆면의 모양   ㉢ 면의 수

(   )

오각뿔   오각기둥

☺ 내가 만드는 문제

6 다음 중 원하는 각뿔을 하나 골라 밑면을 색칠하고 색칠한 면은 어떤 다각형인지 이름을 써 보세요.

(   )

▶ 색칠한 면이 어떤 모양인지 살펴봐.

밑면의 모양이 달라도 옆면의 모양은 모두 삼각형일까?

삼각뿔   사각뿔   오각뿔   육각뿔   칠각뿔

➡ 밑면의 모양이 달라도 옆면의 모양은 (변합니다 , 변하지 않습니다).

오잉? 옆면이 모두 삼각형이네.

7 프리즘은 유리와 같은 물질로 만든 기구입니다. 주로 빛을 분산시키는 데 쓰이고 무지개를 만드는 데 유용합니다. 오른쪽 프리즘과 같은 모양의 각뿔의 이름을 써 보세요.

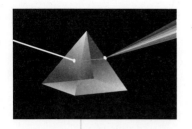

(   )

8 밑면의 모양이 다음과 같은 각뿔의 이름을 찾아 이어 보세요.

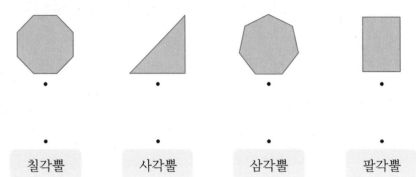

| 칠각뿔 | 사각뿔 | 삼각뿔 | 팔각뿔 |

> 각뿔의 이름은 밑면의 모양이 결정해.

9 각뿔에서 각뿔의 꼭짓점을 찾아 써 보세요.

(1)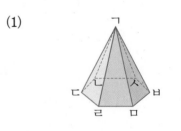

(   )

(2)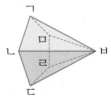

(   )

> 꼭짓점이라고 다 같은 꼭짓점이 아니야.

10 사각뿔의 겨냥도에서 모서리는 빨간색으로, 꼭짓점은 파란색으로 표시하고, 각각 몇 개인지 써 보세요.

모서리의 수 (   )
꼭짓점의 수 (   )

> 평면도형 ─ 변
>
> 입체도형
> 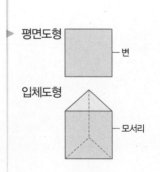 ─ 모서리

11 옆면이 모두 오른쪽과 같은 이등변삼각형으로 이루어진 칠각뿔의 밑면의 둘레는 몇 cm일까요?

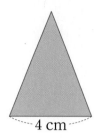
4 cm

( )

▶ ■각뿔의 밑면의 모양은 ■각형이야.

12 각뿔에 대해 잘못 설명한 사람의 이름을 써 보세요.

옆면은 모두 삼각형이야. 수혁

밑면과 옆면은 수직으로 만나. 정아

면의 수와 꼭짓점의 수가 같아. 동건

( )

▶
도형	각기둥	각뿔
밑면의 수	2개	1개
옆면의 모양	직사각형	삼각형

☺ 내가 만드는 문제

13 다각형을 하나 그려 각뿔의 밑면으로 정하고 각뿔의 이름과 꼭짓점의 수를 써 보세요.

각뿔의 이름 ( )
꼭짓점의 수 ( )

▶ 밑면의 모양에 따라 각뿔의 이름이 정해져.

 각뿔의 옆면이 모두 만나는 점은 몇 개일까?

삼각뿔

사각뿔

오각뿔

육각뿔

칠각뿔

각뿔의 옆면의 수가 늘어나도 모든 옆면이 만나는 점은 각뿔의 꼭짓점뿐!

➡ 각뿔의 모든 옆면이 만나는 점은 항상 ☐ 개입니다.

1 모서리의 길이의 합 구하기 (1)

1 준비

모서리의 길이가 모두 4 cm인 삼각뿔이 있습니다. 이 삼각뿔의 모든 모서리의 길이의 합은 몇 cm일까요?

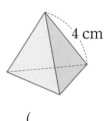

4 cm

(   )

2 확인

각기둥의 모든 모서리의 길이의 합은 몇 cm일까요?

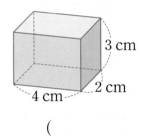

3 cm
2 cm
4 cm

(   )

3 완성

각기둥에서 색칠한 밑면의 모양이 정오각형일 때 모든 모서리의 길이의 합은 몇 cm일까요?

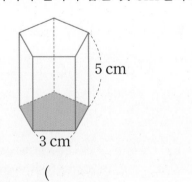

5 cm
3 cm

(   )

2 모서리의 길이의 합 구하기 (2)

4 준비

옆면의 모양이 모두 오른쪽과 같은 사각기둥의 모든 모서리의 길이의 합은 몇 cm일까요?

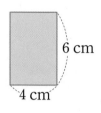

6 cm
4 cm

(   )

5 확인

다음과 같이 밑면의 모양이 정오각형이고, 옆면의 모양이 이등변삼각형인 각뿔이 있습니다. 이 각뿔의 모든 모서리의 길이의 합은 몇 cm일까요?

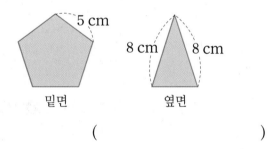

5 cm
8 cm 8 cm
밑면   옆면

(   )

6 완성

밑면의 모양이 정육각형이고 옆면의 모양이 오른쪽과 같은 각뿔이 있습니다. 이 각뿔의 모든 모서리의 길이의 합은 몇 cm인지 구해 보세요.

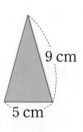

9 cm
5 cm

(   )

③ 각기둥의 전개도에서 밑면 찾기

7 준비 전개도를 접었을 때 밑면이 되는 면을 모두 찾아 색칠해 보세요.

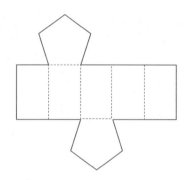

8 확인 전개도를 접어서 만든 사각기둥의 한 밑면이 ㉠일 때 다른 한 밑면을 찾아 기호를 써 보세요.

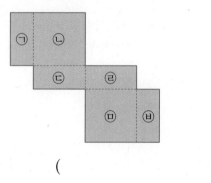

( )

9 완성 전개도를 접어서 만든 사각기둥의 한 밑면이 색칠한 면일 때 다른 한 밑면을 찾아 써 보세요.

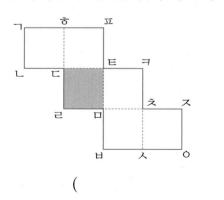

( )

④ 전개도의 둘레 구하기

10 준비 모든 모서리의 길이가 5 cm인 사각기둥의 전개도입니다. 이 전개도에서 선분 ㄱㄴ의 길이는 몇 cm일까요?

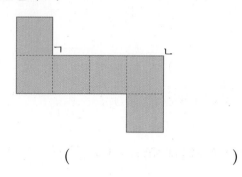

( )

11 확인 밑면의 모양이 정오각형인 각기둥의 전개도입니다. 이 전개도의 둘레는 몇 cm일까요?

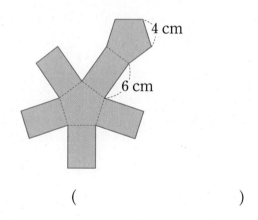

( )

12 완성 밑면의 모양이 정삼각형인 각기둥의 전개도입니다. 이 전개도의 둘레는 몇 cm일까요?

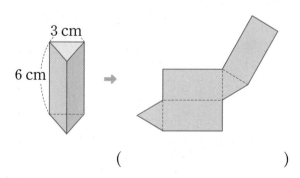

( )

5 전개도에서 색칠한 부분의 넓이 구하기

13
준비
사각기둥의 전개도에서 색칠한 부분의 넓이는 몇 cm²인지 구해 보세요.

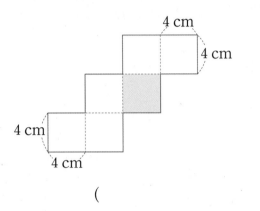

4 cm
4 cm
4 cm
4 cm

(   )

14
확인
오각기둥의 전개도에서 색칠한 부분의 넓이는 몇 cm²인지 구해 보세요.

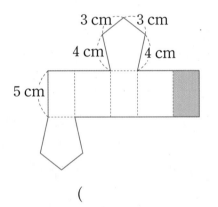

3 cm   3 cm
4 cm   4 cm
5 cm

(   )

15
완성
밑면의 모양이 정육각형인 각기둥의 전개도입니다. 전개도에서 색칠한 부분의 넓이는 몇 cm²인지 구해 보세요.

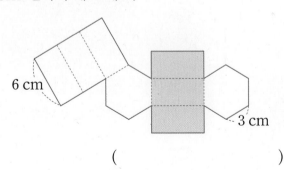

6 cm
3 cm

(   )

6 입체도형의 구성 요소의 수

16
준비
입체도형의 모서리는 몇 개일까요?

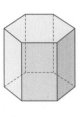

(   )

17
확인
꼭짓점이 14개인 각기둥의 이름을 써 보세요.

(   )

18
완성
면이 10개인 각기둥과 꼭짓점의 수가 같은 각뿔의 이름을 써 보세요.

(   )

단원 평가

| 점수 | 확인 |

1 입체도형을 분류하려고 합니다. 빈칸에 알맞은 기호를 써넣으세요.

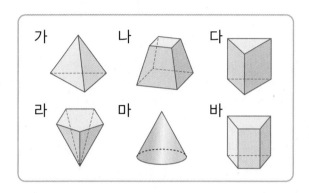

각기둥	각뿔

2 입체도형을 보고 ☐ 안에 각 부분의 이름을 써넣으세요.

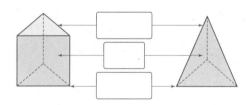

3 입체도형의 이름을 써 보세요.

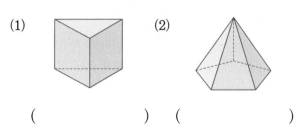

(1) (   )   (2) (   )

4 각뿔의 높이는 몇 cm일까요?

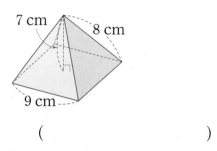

(   )

5 각기둥에서 두 밑면에 수직인 면은 모두 몇 개일까요?

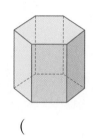

(   )

6 입체도형의 밑면의 모양과 옆면의 모양의 이름을 각각 써넣으세요.

도형	밑면의 모양	옆면의 모양
칠각기둥		
구각뿔		

7 각뿔에 대해 잘못 설명한 것을 찾아 기호를 써 보세요.

> ㉠ 옆면은 모두 삼각형입니다.
> ㉡ 높이는 옆면의 모서리의 길이와 같습니다.
> ㉢ 꼭짓점 중 각뿔의 옆면이 모두 만나는 점이 각뿔의 꼭짓점입니다.

(   )

단원 평가

8 어떤 입체도형의 전개도인지 이름을 써 보세요.

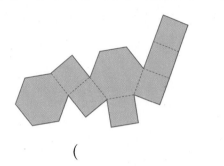

( )

9 어떤 각기둥의 옆면만 그린 전개도의 일부분입니다. 이 각기둥의 밑면의 모양은 어떤 도형일까요?

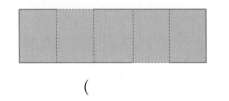

( )

10 전개도를 접었을 때 선분 ㅊㅈ과 맞닿는 선분을 써 보세요.

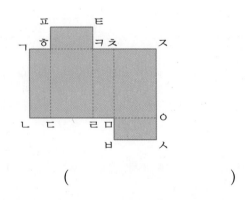

( )

11 각기둥의 전개도를 그려 보세요.

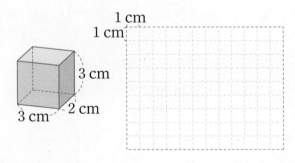

12 수가 작은 것부터 차례대로 기호를 써 보세요.

> ㉠ 사각뿔의 모서리의 수
> ㉡ 팔각뿔의 꼭짓점의 수
> ㉢ 육각뿔의 면의 수

( )

13 사각기둥의 전개도를 그린 것입니다. ☐ 안에 알맞은 수를 써넣으세요.

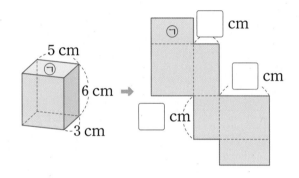

14 전개도를 접었을 때 생기는 각기둥의 높이는 몇 cm인지 구해 보세요.

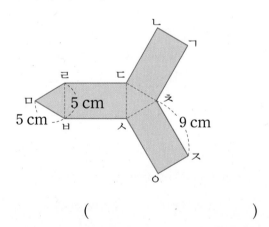

( )

15 밑면의 모양이 오른쪽과 같은 각기둥과 각뿔에서 다음을 각각 구했을 때 차는 몇 개일까요?

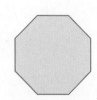

> (면의 수)+(꼭짓점의 수)+(모서리의 수)

( )

② 나누어지는 수의 소수점 위치에 맞춰 몫에 소수점을 찍어.

방법 1 분수의 나눗셈으로 바꾸어 계산하기

$$16.38 \div 3 = \frac{1638}{100} \div 3 = \frac{1638 \div 3}{100} = \frac{546}{100} = 5.46$$

소수를 분수로 바꾸기

방법 2 자연수의 나눗셈을 이용하여 세로로 계산하기

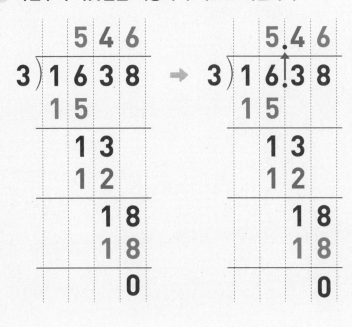

몫의 소수점은
나누어지는 수의 소수점을
올려 찍어.

---

1 ☐ 안에 알맞게 써넣으세요.

(1)

```
      2 3                    ☐ . ☐
  6 ) 1 3 8      ➡    6 ) 1   3 . 8
    1 2                    ☐☐☐
    ─────                  ─────
      1 8                    1 8
      1 8                    ☐☐☐
    ─────                  ─────
        0                      0
```

(2)

```
      5 2 7                    ☐ . ☐ ☐
  7 ) 3 6 8 9      ➡    7 ) 3   6 . 8 9
    3 5                        ☐☐☐
    ─────                      ─────
      1 8                        1 8
      1 4                        ☐☐☐
    ─────                      ─────
        4 9                        4 9
        4 9                        ☐☐☐
    ─────                        ─────
          0                          0
```

3 ●÷▲에서 ●<▲이면 몫은 1보다 작아.

방법 1 분수의 나눗셈으로 바꾸어 계산하기

$$1.35 \div 3 = \frac{135}{100} \div 3$$
$$= \frac{135 \div 3}{100}$$
$$= \frac{45}{100} = 0.45$$

방법 2 자연수의 나눗셈을 이용하여 계산하기

$$135 \div 3 = 45$$

$\frac{1}{100}$배 ↓　　　　↓ $\frac{1}{100}$배

$$1.35 \div 3 = 0.45$$

방법 3 자연수의 나눗셈을 이용하여 세로로 계산하기

```
      4 5
  3 )1 3 5
    1 2
      1 5
      1 5
        0
```
→
```
    0.4 5
  3 )1.3 5
    1 2
      1 5
      1 5
        0
```

① 세로로 계산해.
② 소수점을 올려 찍어.
③ 자연수 부분이 비어 있을 경우 일의 자리에 0을 써야 해.

1 □ 안에 알맞은 수를 써넣으세요.

(1)
$$12 \div 3 = \boxed{}$$
$\frac{1}{10}$배 ↓　　　　↓ $\frac{1}{10}$배
$$1.2 \div 3 = \boxed{}$$

(2)
$$294 \div 6 = \boxed{}$$
$\frac{1}{100}$배 ↓　　　　↓ $\frac{1}{100}$배
$$2.94 \div 6 = \boxed{}$$

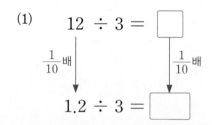

나누는 수가 같을 때 나누어지는 수가 ■배가 되면 몫도 ■배가 돼.

$$10 \div 5 = 2$$
↓2배　　　↓2배
$$20 \div 5 = 4$$

2 □ 안에 알맞은 수를 써넣으세요.

(1) $2.5 \div 5 = \dfrac{\boxed{}}{10} \div 5 = \dfrac{\boxed{} \div \boxed{}}{10} = \dfrac{\boxed{}}{10} = \boxed{}$

(2) $6.57 \div 9 = \dfrac{\boxed{}}{100} \div 9 = \dfrac{\boxed{} \div \boxed{}}{100} = \dfrac{\boxed{}}{100} = \boxed{}$

3 ☐ 안에 알맞은 수를 써넣으세요.

(1)
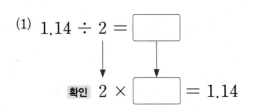

```
      8 5                    ☐.☐☐
  7 ) 5 9 5    ➡    7 ) 5 . 9 5
      5 6                    ┌──────┐
    ─────                    └──────┘
        3 5                3 5
        3 5                    ┌──────┐
    ─────                    └──────┘
          0                      0
```

(2)
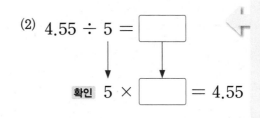

```
      9 6                    ☐.☐☐
  8 ) 7 6 8    ➡    8 ) 7 . 6 8
      7 2                    ┌──────┐
    ─────                    └──────┘
        4 8                4 8
        4 8                    ┌──────┐
    ─────                    └──────┘
          0                      0
```

4 계산해 보고 계산한 결과가 맞는지 확인하려고 합니다. ☐ 안에 알맞은 수를 써넣으세요.

(1) $1.14 \div 2 =$ ☐

확인 $2 \times$ ☐ $= 1.14$

(2) $4.55 \div 5 =$ ☐

확인 $5 \times$ ☐ $= 4.55$

> 소수의 나눗셈 식은 곱셈식으로 바꾸어 계산한 결과가 맞는지 확인할 수 있어.

5 나눗셈의 몫이 1보다 작은 것을 모두 찾아 기호를 써 보세요.

> 나누는 수와 나누어지는 수의 크기를 비교해 봐.

| ㉠ $3.9 \div 3$ | ㉡ $5.6 \div 7$ | ㉢ $4.38 \div 6$ | ㉣ $9.92 \div 8$ |

(   )

6 주어진 식을 이용하여 ☐ 안에 알맞은 수를 써넣으세요.

(1) $392 \div 4 = 98$
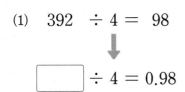

☐ $\div 4 = 0.98$

(2) $522 \div 6 = 87$
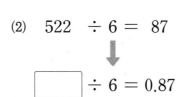

☐ $\div 6 = 0.87$

1 ☐ 안에 알맞은 수를 써넣으세요.

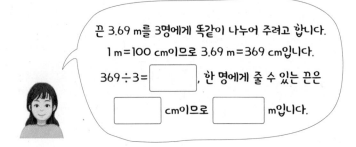

끈 3.69 m를 3명에게 똑같이 나누어 주려고 합니다.
1 m=100 cm이므로 3.69 m=369 cm입니다.
369÷3=☐ , 한 명에게 줄 수 있는 끈은
☐ cm이므로 ☐ m입니다.

▶ 100 cm = 1 m이므로
1 cm = 0.01 m야.

2 ☐ 안에 알맞은 수를 써넣으세요.

(1) 39.6은 396의 ☐ 배입니다.

396÷3 = ☐ 이므로 39.6÷3 = ☐ 입니다.

(2) 6.48은 648의 ☐ 배입니다.

648÷2 = ☐ 이므로 6.48÷2 = ☐ 입니다.

▶ ●÷■ = ▲
■가 그대로일 때
●가 $\frac{1}{10}$배가 되면
▲도 $\frac{1}{10}$배가 돼.

3 계산하지 않고 몫의 크기를 비교하여 ○ 안에 >, =, <를 알맞게 써넣으세요.

(1) 4.88÷4 ◯ 48.8÷4

(2) 93.6÷3 ◯ 9.36÷3

▶ 나누는 수가 같으므로 나누어지는 수를 비교해 봐.
8÷2 > 6÷2

4 계산해 보세요.

(1) 468÷2

46.8÷2

4.68÷2

(2) 848÷4

84.8÷4

8.48÷4

▶ 나누는 수가 같을 때 나누어지는 수가 $\frac{1}{10}$배, $\frac{1}{100}$배가 되면 몫도 $\frac{1}{10}$배, $\frac{1}{100}$배가 돼.

5 ㉠의 몫은 ㉡의 몫의 몇 배인지 구해 보세요.

(1)

㉠ $262 \div 2$
㉡ $2.62 \div 2$

(2)

㉠ $888 \div 8$
㉡ $88.8 \div 8$

(   )   (   )

➕ ☐ 안에 알맞은 수를 써넣고, 알맞은 말에 ○표 하세요.

$245\,\text{mm} \div 5\,\text{mm} = \boxed{}$ ⟹ $245 \div 5 = \boxed{}$

$24.5\,\text{cm} \div 0.5\,\text{cm} = \boxed{}$ ⟹ $24.5 \div 0.5 = \boxed{}$

$245 \div 5$의 몫과 $24.5 \div 0.5$의 몫은 (같습니다 , 다릅니다).

😊 내가 만드는 문제

6 다음 중 원하는 정다각형을 골라 기호를 쓰고, 고른 도형의 한 변의 길이는 몇 cm인지 구해 보세요.

도형	가	나	다	라
둘레(cm)	6.39	8.84	5.55	6.66

도형 ....   한 변의 길이 ....

🎓 **$28.6 \div 2$의 계산에서 왜 $286 \div 2$를 이용할까?**

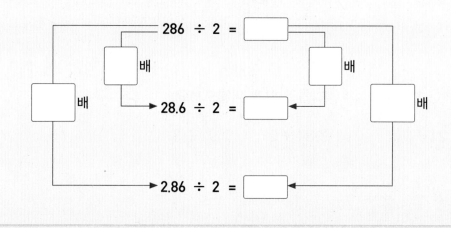

$286 \div 2 = \boxed{}$

$28.6 \div 2 = \boxed{}$

$2.86 \div 2 = \boxed{}$

☐배

말풍선: 나누어지는 수의 소수점 위치가 변하면 몫의 소수점 위치도 변하기 때문이야.

▶ 나누는 수가 같을 때 나누어지는 수가 ■배가 되면 몫도 ■배가 돼.

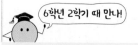 6학년 2학기 때 만나!

(소수)÷(소수)

• 자연수의 나눗셈으로 바꾸어 계산하기

$12 \div 4 = 3$

$\frac{1}{10}$배 $\frac{1}{10}$배

$1.2 \div 0.4 = 3$

▶ 정다각형은 변의 길이가 모두 같고 각의 크기가 모두 같은 다각형이야.

3

7 보기 와 같은 방법으로 계산해 보세요.

$$0.\blacktriangle = \frac{\blacktriangle}{10}$$

$$0.\blacksquare\blacktriangle = \frac{\blacksquare\blacktriangle}{100}$$

> **보기**
>
> $$7.47 \div 3 = \frac{747}{100} \div 3 = \frac{747 \div 3}{100} = \frac{249}{100} = 2.49$$

(1) $8.55 \div 5$

_____

(2) $18.72 \div 8$

_____

8 계산이 잘못된 곳을 찾아 바르게 계산해 보세요.

```
        3 2.8
    8 ) 2 6.2 4
        2 4
        ───
          2 2
          1 6
          ───
            6 4
            6 4
            ───
              0
```

→ [   ]

세로로 계산할 때는 나누어지는 수의 소수점을 몫의 자리에 올려서 찍어야 해.

9 계산해 보세요.

(1)
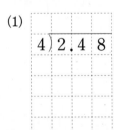

(2)
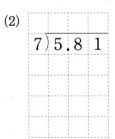

자연수와 같은 방법으로 계산한 다음 몫에 소수점을 올려 찍어야 해. 이때 자연수 부분이 비어 있으면 일의 자리에 0을 쓰는 것을 잊지 마.

10 계산 결과를 비교하여 ○ 안에 >, =, <를 알맞게 써넣으세요.

(1) $2.38 \div 7$ ◯ $3.24 \div 9$ (2) $3.84 \div 6$ ◯ $1.92 \div 3$

11 무게가 같은 빨간색 구슬 3개와 무게가 2.16 g인 파란색 구슬 한 개를 윗접시저울에 올려놓았더니 오른쪽과 같았습니다. 빨간색 구슬 한 개의 무게는 몇 g인지 구해 보세요.

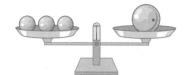

▶ 빨간색 구슬 3개와 파란색 구슬 한 개의 무게가 같아.

(   )

12 넓이가 2.24 cm^2인 직사각형을 8칸으로 똑같이 나누었습니다. 색칠된 부분의 넓이는 몇 cm^2인지 구해 보세요.

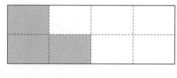

(   )

😊 내가 만드는 문제

13 사다리에 좌우 방향으로 선을 자유롭게 긋고 사다리를 따라 내려가서 도착한 빈칸에 몫을 써 보세요.

$20.86 \div 7$	$28.26 \div 9$	$35.76 \div 6$

▶ 사다리는 다음과 같이 내려가.

🎓 **몫이 1보다 작은지 어떻게 알 수 있을까?**

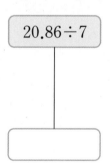

VS

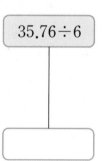

나누어지는 수의 자연수 부분의 숫자만 보면 알 수 있어.

➡ 나누어지는 수의 자연수 부분이 나누는 수보다 작으면 몫은 1보다 (작습니다 , 큽니다).

4 나누어떨어지지 않으면 0을 내려 계산하자.

개념 강의

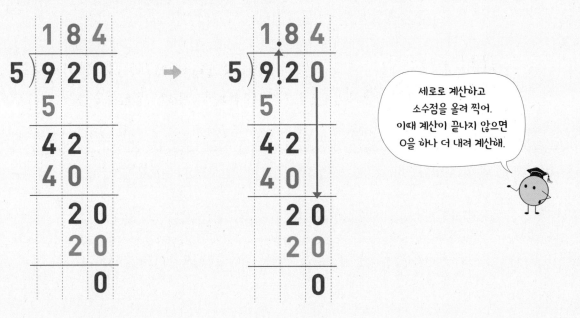

방법 1 분수의 나눗셈으로 바꾸어 계산하기

$$9.2 \div 5 = \frac{920}{100} \div 5$$

$\frac{92}{10} \div 5$
$\Rightarrow \frac{92 \div 5}{10}$
── 나누어떨어지지 않아.

$$= \frac{920 \div 5}{100}$$

$$= \frac{184}{100} = 1.84$$

방법 2 자연수의 나눗셈을 이용하여 계산하기

$$92 \div 5 = 18 \cdots 2$$ 나누어떨어지지 않아.

$$920 \div 5 = 184$$

$\frac{1}{100}$배 ↓ $\frac{1}{100}$배 ↓

$$9.2 \div 5 = 1.84$$

방법 3 자연수의 나눗셈을 이용하여 세로로 계산하기

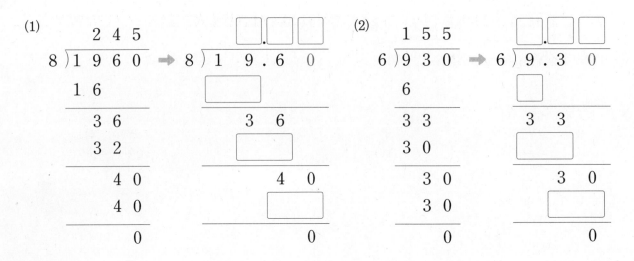

세로로 계산하고
소수점을 올려 찍어.
이때 계산이 끝나지 않으면
0을 하나 더 내려 계산해.

1 ☐ 안에 알맞은 수를 써넣으세요.

(1)

```
      2 4 5              ☐.☐☐
  8) 1 9 6 0   →    8) 1 9. 6 0
     1 6                 ☐
     ─────               ─────
       3 6               3 6
       3 2               ☐
       ─────             ─────
         4 0               4 0
         4 0               ☐
         ─────             ─────
           0                 0
```

(2)

```
      1 5 5              ☐.☐☐
  6)  9 3 0   →     6) 9. 3 0
      6                 ☐
     ─────              ─────
      3 3               3 3
      3 0               ☐
     ─────              ─────
        3 0               3 0
        3 0               ☐
     ─────              ─────
         0                 0
```

⑤ 수를 내려도 나눌 수 없으면 몫에 0을 쓰자.

방법 1 분수의 나눗셈으로 바꾸어 계산하기

$$8.32 \div 4 = \frac{832}{100} \div 4 = \frac{832 \div 4}{100} = \frac{208}{100} = 2.08$$

소수 두 자리 수이므로 분모가 100이야.

방법 2 자연수의 나눗셈을 이용하여 세로로 계산하기

→ 3을 4로 나눌 수 없으므로 몫의 소수 첫째 자리에 0을 쓰는 거야.

➡

수를 하나 내려도 나누어지는
수가 나누는 수보다 작은
경우에는 몫에 0을 쓰고 수를
하나 더 내려 계산해.

3

---

1 ☐ 안에 알맞은 수를 써넣으세요.

(1) $6.12 \div 2 = \dfrac{\boxed{}}{100} \div 2 = \dfrac{\boxed{} \div \boxed{}}{100} = \dfrac{\boxed{}}{100} = \boxed{}$

(2) $5.2 \div 5 = \dfrac{\boxed{}}{100} \div 5 = \dfrac{\boxed{} \div \boxed{}}{100} = \dfrac{\boxed{}}{100} = \boxed{}$

2 ☐ 안에 알맞은 수를 써넣으세요.

(1)
```
    2 0 7              □.□□
5)1 0 3 5   ➡   5)1 0.3 5
  1 0                □
  ─────              ─────
    3 5                3 5
    3 5                □
  ─────              ─────
      0                 0
```

(2)
```
    3 0 5              □.□□
3)9 1 5     ➡   3)9.1 5
  9                  □
  ─────              ─────
    1 5                1 5
    1 5                □
  ─────              ─────
      0                 0
```

6 (자연수)÷(자연수)는 자연수가 아닐 수도 있어.

방법 1 **몫을 분수로 나타내어 계산하기**

$$3 \div 2 = \frac{3}{2} = \frac{3 \times 5}{2 \times 5} = \frac{15}{10} = 1.5$$

방법 2 **세로로 계산하기**

$$
\begin{array}{r}
1 \\
2\overline{)3} \\
2 \\
\hline
1
\end{array}
\quad\rightarrow\quad
\begin{array}{r}
1\,5 \\
2\overline{)3.0} \\
2 \\
\hline
1\,0 \\
1\,0
\end{array}
\quad\rightarrow\quad
\begin{array}{r}
1.5 \\
2\overline{)3.0} \\
2 \\
\hline
1\,0 \\
1\,0 \\
\hline
0
\end{array}
$$

3을 3.0으로 생각하고 계산하자.

---

1 ☐ 안에 알맞은 수를 써넣으세요.

(1) $7 \div 5 = \dfrac{\boxed{}}{5} = \dfrac{7 \times \boxed{}}{5 \times \boxed{}} = \dfrac{\boxed{}}{\boxed{}} = \boxed{}$

(2) $7 \div 20 = \dfrac{\boxed{}}{20} = \dfrac{7 \times \boxed{}}{20 \times \boxed{}} = \dfrac{\boxed{}}{\boxed{}} = \boxed{}$

2 ☐ 안에 알맞은 수를 써넣으세요.

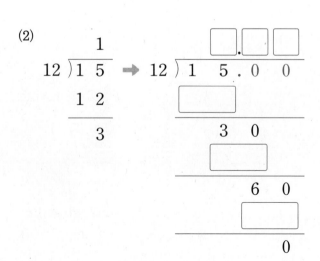

(1)
$$
\begin{array}{r}
2 \\
8\overline{)2\,0} \\
1\,6 \\
\hline
4
\end{array}
\quad\rightarrow\quad
\begin{array}{r}
\boxed{}.\boxed{} \\
8\overline{)2\,0.0} \\
\boxed{} \\
\hline
4\,0 \\
\boxed{} \\
\hline
0
\end{array}
$$

(2)
$$
\begin{array}{r}
1 \\
12\overline{)1\,5} \\
1\,2 \\
\hline
3
\end{array}
\quad\rightarrow\quad
\begin{array}{r}
\boxed{}.\boxed{}\boxed{} \\
12\overline{)1\,5.0\,0} \\
\boxed{} \\
\hline
3\,0 \\
\boxed{} \\
\hline
6\,0 \\
\boxed{} \\
\hline
0
\end{array}
$$

7 어림셈을 통해 몫의 소수점 위치를 찾을 수 있어.

● 13.8÷6의 몫 어림하기

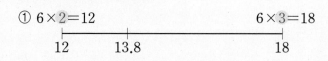

→ 나누는 수인 6의 배수 중 13.8과 가까운 수를 찾습니다.

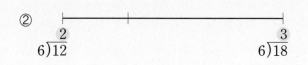

→ 몫은 2보다 크고 3보다 작습니다.

$$13.8 \div 6 \rightarrow 12 \div 6 \rightarrow 약 \, \mathbf{2} \rightarrow \begin{bmatrix} \mathbf{23} \\ \mathbf{2.3} \\ \mathbf{0.23} \end{bmatrix} \text{중 몫은 } \mathbf{2.3}\text{입니다.}$$

---

1 14.3÷2를 어림셈하여 알맞은 몫을 찾으려고 합니다. ☐ 안에 알맞은 수를 써넣으세요.

(1)
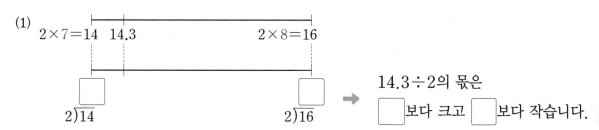

→ 14.3÷2의 몫은 ☐보다 크고 ☐보다 작습니다.

(2) 14.3÷2 = 약 ☐ 이므로 71.5와 7.15 중 몫은 ☐ 입니다.

2 어림셈하여 몫의 소수점 위치를 찾아 표시해 보세요.

(1) 19.56÷6

어림 20÷6 ➡ 약 ☐

몫 3☐2☐6

(2) 41.1÷5

어림 ☐÷5 ➡ 약 ☐

몫 8☐2☐2

3 어림셈하여 몫의 소수점 위치가 올바른 것을 찾아 ○표 하세요.

(1) 3.9÷2 ➡ ☐÷2 ➡ 약 ☐

몫 | 195 | 19.5 | 1.95 | 0.195

(2) 28.35÷9 ➡ ☐÷9 ➡ 약 ☐

몫 | 315 | 31.5 | 3.15 | 0.315

3 (소수)÷(자연수)(3)

1 보기 와 같은 방법으로 계산해 보세요.

> **보기**
>
> $$5.4 \div 4 = \frac{540}{100} \div 4 = \frac{540 \div 4}{100} = \frac{135}{100} = 1.35$$

(1) $41.3 \div 5$

(2) $20.7 \div 6$

▶ $5.4 \div 4$를 $\frac{54}{10} \div 4$로 바꾸면 $54 \div 4$의 몫이 자연수가 아니니까 $\frac{540}{100} \div 4$로 바꾸어야 해.

2 계산해 보세요.

(1)
$$4\overline{)8.6}$$

(2)
$$5\overline{)8.2}$$

▶ 계산이 끝나지 않으면 0을 내려 계산해야 해.

3 계산해 보세요.

(1) $11.3 \div 5$

$22.6 \div 5$

$33.9 \div 5$

(2) $6.6 \div 4$

$10.6 \div 4$

$14.6 \div 4$

▶ 나누는 수가 같을 경우 나누어지는 수와 몫의 관계를 살펴봐.

➕ 보기 와 같이 ☐ 안에 알맞은 수를 써넣으세요.

> **보기**
>
> $$\begin{array}{r} 1 \\ 4\overline{)7.8} \\ \underline{4} \\ 3.8 \end{array}$$
>
> $7.8 - 4 \times 1 \Rightarrow 3.8$
>
> ➡ 몫은 1이고 3.8이 남았습니다.

$$\begin{array}{r} 4 \\ 3\overline{)12.8} \\ \underline{12} \end{array}$$

$12.8 - \boxed{} \times \boxed{} \Rightarrow \boxed{}$

➡ 몫은 ☐이고 ☐이 남았습니다.

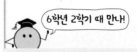
6학년 2학기 때 만나!

나누어 주고 남는 양

• 물 6.4 L를 한 사람당 2 L씩 나누어 주기

$$\begin{array}{r} 3 \\ 2\overline{)6.4} \\ \underline{6} \\ 0.4 \end{array}$$

나누어 줄 수 있는 사람 수: 3명

남는 물의 양: 0.4 L

17 나머지가 0이 될 때까지 0을 내려 계산할 때 0을 내린 횟수가 다른 나눗셈을 찾아 기호를 써 보세요.

> ㉠ 46÷4   ㉡ 53÷4   ㉢ 37÷4   ㉣ 27÷4

(   )

▶ 나머지가 생길 때마다 0을 내려 쓰면 돼.

18 사탕 6개와 초콜릿 2개의 무게를 오른쪽과 같이 재었습니다. 초콜릿 한 개의 무게가 4.5 g일 때 사탕 한 개의 무게는 몇 g인지 구해 보세요. (단, 사탕과 초콜릿의 무게는 각각 모두 같습니다.)

(   )

▶ 전체의 무게에서 초콜릿 2개의 무게를 빼면 사탕 6개의 무게를 알 수 있어.

😊 내가 만드는 문제

19 넓이가 27 m²인 직사각형을 [보기]에서 칸 수를 골라 똑같이 나누어 본 후 한 칸의 넓이는 몇 m²인지 구해 보세요.

> [보기]
>
> 4칸   5칸
>
> 6칸   8칸   →

[   ]칸으로 똑같이 나누면 한 칸의 넓이는 [   ] m²입니다.

🎓 **자연수끼리 나눌 땐 몫의 소수점을 어디에 찍을까?**

11÷4

방법 1 $\dfrac{11}{4}$ → $\dfrac{11×25}{4×25}$

$= \dfrac{275}{100}$

$= 2.75$

방법 2

$$\begin{array}{r} 2.75 \\ 4\overline{)11.00} \\ 8 \\ \hline 30 \\ 28 \\ \hline 20 \\ 20 \\ \hline 0 \end{array}$$

몫의 소수점은 자연수 바로 뒤에서 올려 찍고 0을 내리자.

6 몫의 값 어림하기

20 다음 어림셈을 이용하여 올바른 식에 ○표 하세요.

> 15.2÷5를 어림하여 계산하면 15÷5 = 3입니다.

| 15.2÷5 = 3.04 | 15.2÷5 = 30.4 |

(   )   (   )

21 보기 와 같이 소수를 반올림하여 일의 자리까지 나타내어 어림한 식으로 표현해 보세요.

보기
5.58÷6 ➡ 6÷6

(1) 11.76÷7 ➡ ....

(2) 20.35÷11 ➡ ....

▶ 반올림할 때는 구하는 바로 아래 자리의 숫자가 0, 1, 2, 3, 4이면 버리고 5, 6, 7, 8, 9이면 올려.

22 어림셈하여 몫의 소수점 위치를 찾아 소수점을 찍어 보세요.

(1) 43.28÷8

어림 ☐ ÷8 ➡ 약 ☐

몫 5☐4☐1

(2) 321.3÷7

어림 ☐ ÷ ☐ ➡ 약 ☐

몫 4☐5☐9

▶ 정확히 계산을 하는 게 아니니까 다양한 방법으로 어림해 볼 수 있어.

23 어림셈하여 몫의 소수점 위치가 올바른 식을 찾아 ○표 하세요.

(1)
91.8÷3 = 306
91.8÷3 = 30.6
91.8÷3 = 3.06
91.8÷3 = 0.306

(2)
9.18÷9 = 102
9.18÷9 = 10.2
9.18÷9 = 1.02
9.18÷9 = 0.102

▶ 34.6÷5

자연수 부분으로도 어림할 수 있어.

34÷5 = 6…4 ➡ 약 6

24 어림셈을 이용하여 소수점을 알맞은 위치에 찍고, 세로로 계산하여 확인해 보세요.

$30.3 \div 6$ 　몫 5◯0◯5 ➡

▶ 나누어지는 수와 가까운 나누는 수의 배수를 생각하여 몫을 어림해 보자.

25 몫을 어림하여 몫이 1보다 큰 나눗셈을 모두 찾아 기호를 써 보세요.

　㉠ $4.52 \div 4$　　㉡ $7.56 \div 3$　　㉢ $5.8 \div 5$
　㉣ $1.4 \div 5$　　㉤ $6.84 \div 9$　　㉥ $3.9 \div 6$

(　　　　　　　　　)

▶ 자연수 부분만으로 몫의 크기를 비교할 수 있어.

☺ 내가 만드는 문제
26 빈칸에 소수점을 자유롭게 찍은 다음 어림셈하고 나눗셈의 몫을 구해 보세요.

2◯7◯3◯6÷9

어림 ....　　몫 ....

▶ 어림한 식에서 나누어지는 수가 정해져 있는 것은 아니야.

몫을 어림하여 구할 수 있을까?

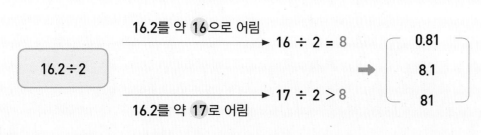

16.2를 약 **16**으로 어림
$16.2 \div 2$ ➡ $16 \div 2 = 8$
16.2를 약 **17**로 어림 ➡ $17 \div 2 > 8$

0.81
8.1
81

어림셈을 이용하면 소수점의 위치가 바른지 확인할 수 있어.

발전 문제

1 어떤 소수 구하기

1 준비

같은 모양은 같은 수를 나타낼 때 ■의 값을 소수로 나타내어 보세요.

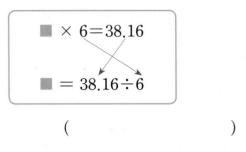

$$\blacksquare \times 6 = 38.16$$
$$\blacksquare = 38.16 \div 6$$

(   )

2 확인

어떤 소수에 3을 곱했더니 8.7이 되었습니다. 어떤 소수를 구해 보세요.

(   )

3 완성

어떤 소수를 4로 나누어야 할 것을 잘못하여 곱했더니 30.24가 되었습니다. 바르게 계산하면 얼마인지 구해 보세요.

(   )

2 조건에 알맞은 수 구하기

4 준비

몫의 크기를 비교하여 ○ 안에 >, =, <를 알맞게 써넣으세요.

(1) $11.55 \div 5$ ◯ $43.68 \div 12$

(2) $14.52 \div 6$ ◯ $38.93 \div 17$

5 확인

☐ 안에 들어갈 수 있는 가장 작은 자연수를 구해 보세요.

$$17.91 \div 3 < \square$$

(   )

6 완성

1부터 9까지의 자연수 중에서 ☐ 안에 들어갈 수 있는 수는 모두 몇 개인지 구해 보세요.

$$64.8 \div 15 < 4.\square 1$$

(   )

3 수 카드로 나눗셈식 만들기

7
준비

수 카드의 수 중 가장 큰 수를 가장 작은 수로 나눈 몫을 소수로 나타내어 보세요.

| 7 | 6 | 9 |

(   )

8
확인

수 카드 3장 중 2장을 골라 한 번씩만 사용하여 몫이 가장 큰 나눗셈식을 만들고, 몫을 소수로 나타내어 보세요.

| 4 | 7 | 13 |

☐ ÷ ☐

(   )

9
완성

수 카드 4장을 한 번씩 모두 사용하여 몫이 가장 큰 (소수 한 자리 수)÷(자연수)를 만들고, 몫을 구해 보세요.

| 5 | 7 | 8 | 9 |

☐☐.☐ ÷ ☐

(   )

4 간격 구하기

10
준비

길이가 14.2 cm인 선분 위에 처음부터 끝까지 같은 간격으로 점을 6개 찍었습니다. ☐ 안에 알맞은 수를 써넣으세요.

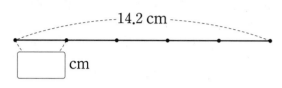

☐ cm

11
확인

길이가 16.72 m인 길 한쪽에 처음부터 끝까지 같은 간격으로 나무 9그루를 심으려고 합니다. 나무 사이의 간격을 몇 m로 해야 하는지 구해 보세요.

(   )

12
완성

길이가 117 km인 산책로 양쪽에 같은 간격으로 나무 38그루를 심으려고 합니다. 산책로의 처음과 끝에 모두 나무를 심는다면 나무 사이의 간격을 몇 km로 해야 하는지 구해 보세요.

(   )

3

5 나눗셈식 완성하기

13 준비 ☐ 안에 알맞은 수를 써넣으세요.

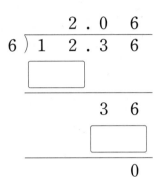

```
        2 . 0  6
6 ) 1  2 . 3  6
    ┌─────┐
    │     │
    └─────┘
            3  6
          ┌─────┐
          │     │
          └─────┘
               0
```

14 확인 ☐ 안에 알맞은 수를 써넣으세요.

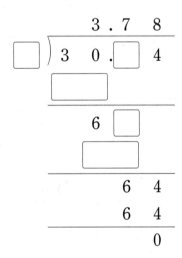

```
            3 . 7  8
  ☐ ) 3  0 . ☐  4
      ┌─────┐
      │     │
      └─────┘
          6 ☐
        ┌─────┐
        │     │
        └─────┘
            6  4
            6  4
               0
```

15 완성 ☐ 안에 알맞은 수를 써넣으세요.

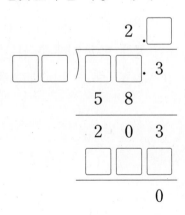

```
            2 . ☐
 ☐ ☐ ) ☐ . 3
          5  8
          2  0  3
        ☐ ☐ ☐
               0
```

6 소수의 나눗셈의 활용

16 준비 일정한 빠르기로 7분 동안 14.07 km를 가는 버스가 있습니다. 이 버스가 1분 동안 가는 거리는 몇 km인지 구해 보세요.

(   )

17 확인 두 자동차 중 같은 연료로 더 먼 거리를 움직일 수 있는 자동차의 기호를 써 보세요.

자동차	연료의 양	갈 수 있는 거리
㉠	4 L	61 km
㉡	7 L	109.9 km

(   )

18 완성 승용차와 트럭이 같은 지점에서 동시에 출발하여 반대 방향으로 3분 동안 달렸다면 두 자동차 사이의 거리는 몇 km인지 구해 보세요.

자동차	달린 시간	움직인 거리
승용차	9분	11.61 km
트럭	12분	13.2 km

(   )

단원 평가

점수 | 확인

1 ☐ 안에 알맞은 수를 써넣으세요.

$$939 \div 3 = 313$$
$$\Rightarrow 9.39 \div 3 = \boxed{}$$

2 보기 와 같은 방법으로 계산해 보세요.

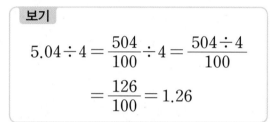

보기

$$5.04 \div 4 = \frac{504}{100} \div 4 = \frac{504 \div 4}{100}$$
$$= \frac{126}{100} = 1.26$$

$7.38 \div 3$

3 계산해 보세요.

(1)
$$7 \overline{)3.2\ 9}$$

(2)
$$9 \overline{)2.2\ 5}$$

4 자연수의 나눗셈을 이용하여 ☐ 안에 알맞은 수를 써넣으세요.

$$96 \div 6 = 16$$
$$9.6 \div 6 = \boxed{}$$
$$0.96 \div 6 = \boxed{}$$

5 관계있는 것끼리 이어 보세요.

8.1÷6 •   • 1.35

8.1÷2 •   • 0.45

8.1÷18 •   • 4.05

6 ㉠은 ㉡의 몇 배인지 구해 보세요.

(1) | ㉠ 2.56   ㉡ 4 |

(   )

(2) | ㉠ 7.38   ㉡ 9 |

(   )

7 빈칸에 알맞은 수를 써넣으세요.

18.54 →(÷6)→ ☐

÷3 ↘   ↗ ÷2

☐

8 몫의 크기를 비교하여 ○ 안에 >, =, <를 알맞게 써넣으세요.

(1) $82.5 \div 5$ ◯ $86.8 \div 7$

(2) $33.48 \div 4$ ◯ $105.6 \div 8$

9 계산이 잘못된 곳을 찾아 바르게 계산해 보세요.

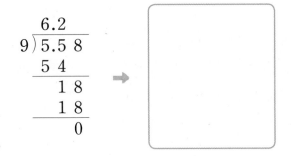

10 넓이가 $7.2 \, cm^2$인 직사각형을 5등분하였습니다. 색칠된 부분의 넓이는 몇 cm^2인지 구해 보세요.

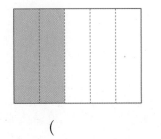

( )

11 ☐ 안에 알맞은 수를 구해 보세요.

$$106 \div \square = 25$$

( )

12 ☐ 안에 알맞은 수를 써넣으세요.

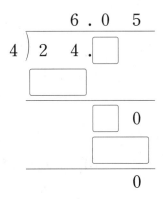

13 수 카드 4장을 한 번씩 모두 사용하여 몫이 가장 작은 (세 자리 수)÷(한 자리 수)를 만들고 몫을 구해 보세요.

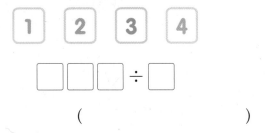

( )

14 어떤 소수를 7로 나누어야 할 것을 잘못하여 곱했더니 17.15가 되었습니다. 바르게 계산하면 얼마인지 구해 보세요.

( )

15 ☐ 안에 들어갈 수 있는 가장 큰 자연수를 구해 보세요.

$$50.56 \div 8 > 6.\square$$

( )

16 ㉠◆㉡을 보기 와 같이 약속할 때 9◆4의 값을 구해 보세요.

> **보기**
> ㉠◆㉡＝㉠÷㉡÷5

(   )

17 길이가 28.35 m인 길의 양쪽에 같은 간격으로 나무 16그루를 심으려고 합니다. 나무 사이의 간격을 몇 m로 해야 하는지 구해 보세요.
(단, 길의 처음과 끝에도 나무를 심습니다.)

(   )

18 무게가 각각 같은 빨간색 구슬과 파란색 구슬을 다음과 같이 저울 위에 올려놓았습니다. 이 빨간색 구슬 4개의 무게가 1 kg일 때, 파란색 구슬 한 개의 무게는 몇 kg인지 구해 보세요.

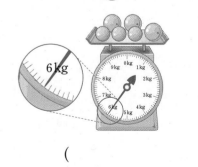

6 kg

(   )

19 □ 안에 알맞은 수는 얼마인지 풀이 과정을 쓰고 답을 구해 보세요.

> $7.5 \div 3 = \boxed{} \div 6$

풀이

답

20 기차와 자동차가 같은 지점에서 동시에 출발하여 반대 방향으로 1분 동안 달렸다면 기차와 자동차 사이의 거리는 몇 km인지 풀이 과정을 쓰고 답을 구해 보세요.

자동차	달린 시간	움직인 거리
기차	6분	29.4 km
자동차	4분	4.2 km

풀이

답

4 비와 비율

전체에서 얼마만큼을 차지하는지 나타낼 수 있어!

전체에 대한 색칠한 부분의

비

3 : 5

(비교하는 양) : (기준량)

전체에 대한 색칠한 부분의

비율

분수 $\dfrac{3}{5} = 0.6$ 소수

$\dfrac{\text{(비교하는 양)}}{\text{(기준량)}}$

비 3:5, 비율 0.6,
백분율 60%는
모두 같은 양!

전체에 대한 색칠한 부분의

백분율

60%

(백분율)(%)=(비율)×100

백분율은 기준량을
100으로 할 때의
비율이야!

① 두 수를 뺄셈 또는 나눗셈으로 비교할 수 있어.

개념 강의

● **두 양의 크기 비교하기**

방법 1 뺄셈으로 비교하기

$6-2=4$, 떡은 소시지보다 4개 더 많습니다.

방법 2 나눗셈으로 비교하기

$6÷2=3$, 떡 수는 소시지 수의 3배입니다.

● **변하는 두 양의 관계 알아보기**

꼬치 수(개)	1	2	3	4
떡 수(개)	6	12	18	24
소시지 수(개)	2	4	6	8

방법 1 뺄셈으로 비교하기

$6-2=4$, $12-4=8$, $18-6=12$, $24-8=16$

꼬치 수에 따라 떡은 소시지보다 각각 4개, 8개, 12개, 16개 더 많습니다.

➡ 꼬치 수에 따라 떡 수와 소시지 수의 관계가 변합니다.

방법 2 나눗셈으로 비교하기

$6÷2=3$, $12÷4=3$, $18÷6=3$, $24÷8=3$

떡 수는 항상 소시지 수의 3배입니다.

➡ 꼬치 수에 따라 떡 수와 소시지 수의 관계가 변하지 않습니다.

---

1 야구공 수와 축구공 수를 비교하려고 합니다. ☐ 안에 알맞은 수를 써넣으세요.

(1) 야구공 수와 축구공 수를 뺄셈으로 비교하면 $6-$ ☐ $=$ ☐ 이므로 야구공은 축구공보다 ☐ 개 더 많습니다.

(2) 야구공 수와 축구공 수를 나눗셈으로 비교하면 $6÷$ ☐ $=$ ☐ 이므로 야구공 수는 축구공 수의 ☐ 배입니다.

4 오른쪽 그림을 보고 우리나라 도시의 기온을 비교하려고 합니다. ☐ 안에 알맞은 수를 써넣으세요.

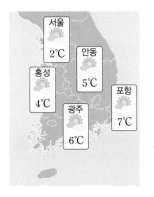

- 포항은 서울보다 ☐ ℃ 더 높습니다.

- 광주 기온은 서울 기온의 ☐ 배입니다.

- 6 - 3 = 3이니까 빨간 큐브는 노란 큐브보다 3개 더 많아.
- 6 ÷ 3 = 2이니까 빨간 큐브 수는 노란 큐브 수의 2배야.

5 상자 수에 따른 과자 수와 사탕 수를 구해 표를 완성하고 상자에 들어 있는 사탕이 27개일 때 과자는 몇 개인지 구해 보세요.

상자 수	1	2	3	4	5	…
과자 수(개)	6	12	18			…
사탕 수(개)	3	6				…

( )

▶ 파란 공 수가 빨간 공 수의 2배이면?
➡ 빨간 공 수: ■개
파란 공 수: (■ × 2)개

😊 내가 만드는 문제

6 산의 이름과 높이를 나타낸 것입니다. 두 개의 산을 골라 비교하고 싶은 방법에 ○표 한 후 높이를 비교해 보세요.

약 2800 m
백두산

약 1600 m
덕유산

약 1400 m
소백산

기호 (뺄셈 , 나눗셈)   비교하기 _____

▶ 나눗셈으로 비교할 때 몫이 분수가 될 수 있어.
예) 4는 7의 $\frac{4}{7}$배

4

🎓 두 수를 어떤 방법으로 비교한 걸까?

모둠 수	1	2	3	4
남학생 수(명)	3	6	9	12
여학생 수(명)	6	12	18	24

여학생은 남학생보다 각각 3명, 6명, 9명, 12명 더 많습니다.

여학생 수는 항상 남학생 수의 2배입니다.

비교하는 두 양의 관계가 변하므로 (뺄셈 , 나눗셈)으로 비교한 것입니다.

비교하는 두 양의 관계가 변하지 않으므로 (뺄셈 , 나눗셈)으로 비교한 것입니다.

7 자동차의 위치를 보고 거리의 비를 구해 보세요.

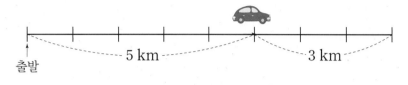

출발

(간 거리) : (남은 거리) ➡ ☐ : ☐

(간 거리) : (전체 거리) ➡ ☐ : ☐

▶ 기호 : 의 오른쪽에 있는 수가 기준이 되는 수야.

8 전체에 대한 색칠한 부분의 비가 3 : 5가 되도록 색칠해 보세요.

(1)

(2)

▶
$$3 : 5$$
비교하는 수   기준이 되는 수

9 직사각형을 보고 세로에 대한 가로의 비를 구해 보세요.

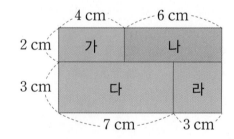

가 (   )

나 (   )

다 (   )

라 (   )

▶ ■에 대한 ▲의 비
➡ ▲ : ■

10 비에 대한 설명입니다. <u>틀린</u> 것을 찾아 기호를 쓰고, 이유를 써 보세요.

> ㉠ 9와 5의 비는 9 : 5입니다.
>
> ㉡ 5에 대한 6의 비는 6 : 5입니다.
>
> ㉢ 3 : 4와 4 : 3은 같은 비입니다.

기호 ·······························

이유 ···

▶ 3 : 5
5 : 3 ➡ 기준이 되는 수
3 : 5와 5 : 3은 기준이 되는 수가 다르므로 서로 다른 비야.

11 오른쪽 피아노 건반에서 검은 건반 수의 흰 건반 수에 대한 비를 써 보세요.

(   )

6학년 2학기 때 만나!

비의 성질 알아보기

비 3 : 15에서 기호 : 앞에 있는 3을 전항, 뒤에 있는 15를 후항이라고 합니다.

비의 전항과 후항에 0이 아닌 같은 수를 곱하거나 나누어도 비율은 같습니다.

➕ ☐ 안에 알맞은 수를 써넣으세요.

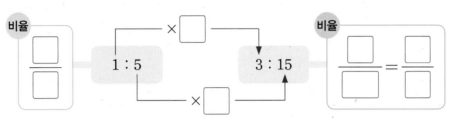

기호 : 의 오른쪽에 있는 수와 왼쪽에 있는 수에 0이 아닌

같은 수를 곱하여도 비율은 (같습니다 , 다릅니다).

😊 내가 만드는 문제

12 도형을 하나 골라 기호를 쓰고 전체에 대한 색칠한 부분의 비를 써 보세요.

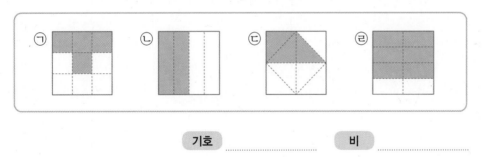

기호 ....   비 ....

👨‍🎓 **2 : 4와 4 : 2는 같은 비일까?**

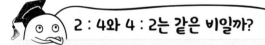

(초록색 칸 수) : (빨간색 칸 수)
➡ 2 : 4 ➡ ☐ 가 기준량

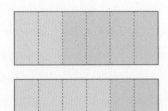

(초록색 칸 수) : (빨간색 칸 수)
➡ 4 : 2 ➡ ☐ 가 기준량

수가 같다고 같은 비가 아니야.

13 자동차의 위치를 보고 전체 거리에 대한 간 거리의 비율을 구하려고 합니다. ☐ 안에 알맞은 수를 써넣으세요.

▶ 전체 거리에 대한 간 거리의 비에서 전체 거리가 기준량이므로 전체 거리를 기호 : 의 오른쪽에 써야 해.

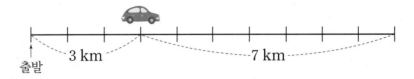

전체 거리에 대한 간 거리의 비

$$\rightarrow \boxed{} : \boxed{} \rightarrow (비율) = \dfrac{\boxed{}^{분수}}{\boxed{}} = \boxed{}^{소수}$$

14 비의 비율을 기약분수로 나타내고, 알맞은 말에 ○표 하세요.

▶ 기약분수는 분모와 분자의 공약수가 1뿐인 분수야.

$$1 : 6 \rightarrow \dfrac{\boxed{}}{\boxed{}} \qquad 2 : 6 \rightarrow \dfrac{\boxed{}}{\boxed{}} \qquad 3 : 6 \rightarrow \dfrac{\boxed{}}{\boxed{}}$$

기준량이 같을 때 비교하는 양이 커지면 비율이 (높아집니다 , 낮아집니다).

15 15 : 20의 비율을 바르게 나타낸 것을 모두 찾아 기호를 써 보세요.

▶ 비율을 분수와 소수로 나타낼 수 있어.

$$ⓐ\ 20 : 15 \qquad ⓑ\ \dfrac{15}{20} \qquad ⓒ\ \dfrac{3}{4} \qquad ⓓ\ 0.15$$

(   )

16 전체에 대한 색칠한 부분의 비율이 $\dfrac{3}{4}$이 되도록 색칠해 보세요.

▶ 분모와 분자에 0이 아닌 같은 수를 곱하여 크기가 같은 분수를 만들 수 있어.
$$\dfrac{2}{3} = \dfrac{2 \times 2}{3 \times 2} = \dfrac{2 \times 3}{3 \times 3}$$
$$= \cdots$$

(1)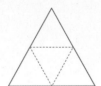

(2)

17 세리가 사회 시험과 수학 시험을 본 결과입니다. 물음에 답하세요.

과목	전체 문제 수(개)	맞힌 문제 수(개)
사회	10	6
수학	12	8

▶ 전체 문제 수에 대한 맞힌 문제 수의 비율이 높을수록 성적이 높은 거야.

(1) 사회 시험의 전체 문제 수에 대한 맞힌 문제 수의 비율을 구해 보세요.

(   )

(2) 수학 시험의 전체 문제 수에 대한 맞힌 문제 수의 비율을 구해 보세요.

(   )

(3) 사회와 수학 중 성적이 더 높은 과목을 써 보세요.

(   )

☺ 내가 만드는 문제

18 4장의 수 카드 중에서 2장을 골라 한 번씩만 사용하여 비를 만들려고 합니다. 비율이 1보다 작은 비를 만들어 보세요.

5   2   3   7   ▢ : ▢

4

🎓 비교하는 양과 기준량이 각각 달라도 비율이 같을 수 있을까?

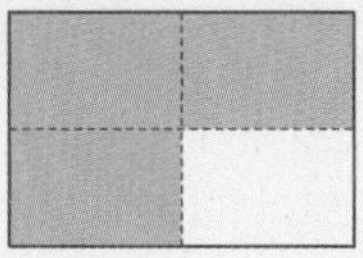

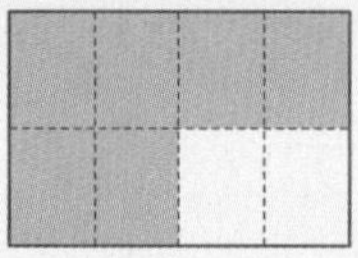

(색칠한 칸 수) : (전체 칸 수)	▢ : ▢	▢ : 8
전체 칸 수에 대한 색칠한 칸 수의 비율	$\dfrac{▢}{▢}$	$\dfrac{▢}{8} = \dfrac{▢}{▢}$

19 우유 양에 대한 시럽 양의 비율을 각각 분수로 나타내어 보세요.

종류	우유 양(mL)	시럽 양(mL)
딸기우유	180	23
초코우유	210	47

딸기우유 (   ), 초코우유 (   )

▶ ●에 대한 ■의 비율

→ $\dfrac{■}{●}$

20 두 나라의 인구와 넓이를 조사하여 나타낸 표입니다. 물음에 답하세요.

나라	영국	독일
인구(명)	약 70000000	약 80000000
넓이(km²)	약 200000	약 400000

(1) 각 나라별 넓이에 대한 인구의 비율을 구해 보세요.

영국 (   ), 독일 (   )

(2) 두 나라 중 인구가 더 밀집한 나라를 써 보세요.

(   )

▶ 인구를 넓이로 나누는 것은 넓이가 1 km²일 때의 인구를 비교하기 위해서야.

21 연주는 같은 시각에 자신과 나무의 그림자 길이를 재었습니다. 물음에 답하세요.

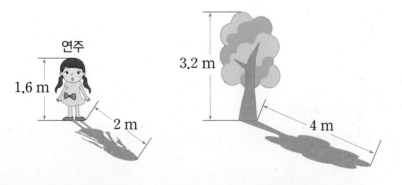

연주
1.6 m
2 m
3.2 m
4 m

(1) 연주의 키와 그림자 길이의 비율을 소수로 나타내어 보세요.

(   )

(2) 나무 높이와 그림자 길이의 비율을 소수로 나타내어 보세요.

(   )

▶ (비율)
= (비교하는 양)÷(기준량)

22 진경이는 공을 24번 차서 골대에 6번 넣었고, 윤아는 공을 21번 차서 골대에 7번 넣었습니다. 두 사람의 공을 찬 횟수에 대한 공을 넣은 횟수의 비율을 각각 기약분수로 나타내어 보세요.

진경 (   ), 윤아 (   )

23 고속버스 시간표를 나타낸 것입니다. 걸리는 시간에 대한 간 거리의 비율이 더 높은 버스의 기호를 써 보세요.

구분	운행 노선	간 거리	걸리는 시간
가	서울~대구	288 km	2시간
나	서울~순천	306 km	3시간

(   )

☺ 내가 만드는 문제

24 나 병의 ☐ 안에 수를 써넣어 가 병의 꿀물보다 더 진한 꿀물을 만들고, 나 병의 꿀물 양에 대한 꿀 양의 비율을 구해 보세요.

▶ 가 병보다 물 양은 적게, 꿀 양은 많게 한다면?

가
물 양: 500 mL
꿀 양: 50 mL

나
물 양: ☐ mL
꿀 양: ☐ mL

비율 _____

더 진한 회색 물감을 만드는 방법은?

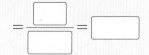

검은색 물감 양: 10 mL
흰색 물감 양: 500 mL
(흰색 물감 양에 대한
검은색 물감 양의 비율)

= ☐/☐ = ☐

방법 1 흰색 물감 양을 줄이기

검은색 물감 양: 10 mL
흰색 물감 양: 100 mL

(흰색 물감 양에 대한
검은색 물감 양의 비율)

= ☐/☐ = ☐

방법 2 검은색 물감 양을 늘이기

검은색 물감 양: 50 mL
흰색 물감 양: 500 mL

(흰색 물감 양에 대한
검은색 물감 양의 비율)

= ☐/☐ = ☐

5 백분율은 비율의 분모를 100으로 만들면 돼.

개념 강의

- 백분율: 기준량을 100으로 할 때의 비율
- 백분율은 기호 %를 사용하여 나타내고 퍼센트라고 읽습니다.

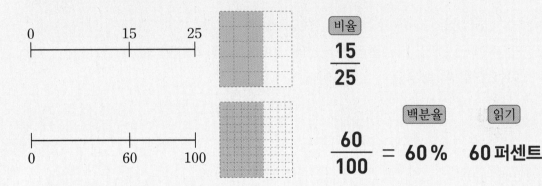

0   15   25

비율

$\dfrac{15}{25}$

0   60   100

백분율   읽기

$\dfrac{60}{100} = 60\%$ 60 퍼센트

- 비율을 백분율로 바꾸는 방법

방법 1   기준량이 100인 비율로 바꾸기

비율   백분율

$$\dfrac{15}{25} = \dfrac{15 \times 4}{25 \times 4} = \dfrac{60}{100} = 60\%$$

방법 2   비율에 100을 곱하기

비율   백분율

$$\dfrac{15}{25} \times 100 = 60\,(\%)$$

---

1 한복집에서 한복 50벌 중 36벌이 판매되었습니다. 한복의 판매율을 구해 보세요.

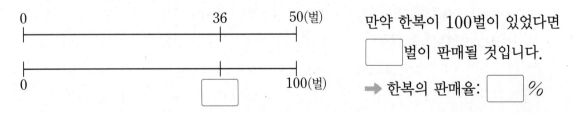

0   36   50(벌)

0   □   100(벌)

만약 한복이 100벌이 있었다면

□ 벌이 판매될 것입니다.

➡ 한복의 판매율: □ %

---

2 전체에 대한 색칠한 부분의 비율을 백분율로 나타내려고 합니다. □ 안에 알맞은 수를 써넣으세요.

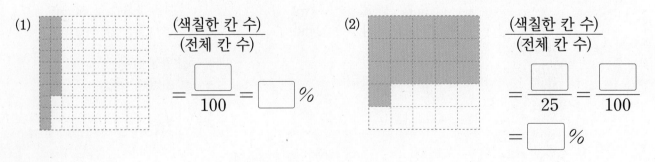

(1)

$$\dfrac{(색칠한\ 칸\ 수)}{(전체\ 칸\ 수)}$$

$$= \dfrac{\Box}{100} = \Box\ \%$$

(2)

$$\dfrac{(색칠한\ 칸\ 수)}{(전체\ 칸\ 수)}$$

$$= \dfrac{\Box}{25} = \dfrac{\Box}{100}$$

$$= \Box\ \%$$

6 백분율이 실생활에서 사용되는 경우를 알아보자.

① 할인율: 원래 가격에 대한 할인 금액의 비율

$$(할인율)(\%) = \frac{(할인\ 금액)}{(원래\ 가격)} \times 100$$

예 (1000원짜리 물건을 600원에 판매했을 때 할인율)
$$= \frac{400}{1000} \times 100 = 40\,(\%)$$

② 득표율: 전체 투표수에 대한 득표수의 비율

$$(득표율)(\%) = \frac{(득표수)}{(전체\ 투표수)} \times 100$$

예 (300표 중에서 180표를 얻었을 때 득표율)
$$= \frac{180}{300} \times 100 = 60\,(\%)$$

③ 소금물의 진하기: 소금물 양에 대한 소금 양의 비율

$$(진하기)(\%) = \frac{(소금\ 양)}{(소금물\ 양)} \times 100$$

예 (물 200 g에 소금 50 g을 섞었을 때 소금물의 진하기)
$$= \frac{50}{250} \times 100 = 20\,(\%)$$

---

1 백분율에 대해 알아보려고 합니다. ☐ 안에 알맞은 수를 써넣으세요.

(1) 어느 빵집에서 5000원에 판매하던 식빵을 할인하여 4300원에 판매하고 있습니다.

식빵의 할인율은 $\dfrac{\square}{\square} \times 100 = \square$ (%)입니다.

(2) 승규는 전교 학생 회장 선거에 후보로 나와 300표 중 171표를 얻었습니다.

승규의 득표율은 $\dfrac{\square}{\square} \times 100 = \square$ (%)입니다.

(3) 수민이는 소금 130 g을 넣어 소금물 520 g을 만들었습니다.

소금물의 진하기는 $\dfrac{\square}{\square} \times 100 = \square$ (%)입니다.

5 백분율 알아보기

1 비율을 백분율로 나타내려고 합니다. ☐ 안에 알맞은 수를 써넣으세요.

(1) $\dfrac{3}{4} = \dfrac{3 \times \boxed{}}{4 \times \boxed{}} = \dfrac{\boxed{}}{100} = \boxed{}\%$

(2) $\dfrac{3}{4} \times \boxed{} = \boxed{}\ (\%)$

2 전체에 대한 색칠한 부분의 비율을 백분율로 나타내어 보세요.

(1)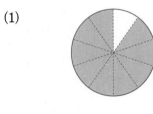

(2)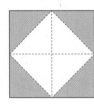

(   )   (   )

> 백분율은 기준량이 100일 때의 비율이고 기호 %를 사용해.

3 관계있는 것끼리 이어 보세요.

4 : 25	•	• $\dfrac{7}{20}$ •	• 16 %
32의 100에 대한 비	•	• $\dfrac{4}{25}$ •	• 35 %
20에 대한 7의 비	•	• $\dfrac{32}{100}$ •	• 32 %

> 비율 $\dfrac{1}{2}$을 백분율로 나타내는 방법
> ① $\dfrac{1}{2} = \dfrac{50}{100} = 50\ \%$
> ② $\dfrac{1}{2} \times 100 = 50\ (\%)$

4 두 비율의 크기를 비교하여 ◯ 안에 >, =, <를 알맞게 써넣으세요.

(1) $35\ \% \bigcirc \dfrac{1}{4}$ (2) $0.26 \bigcirc 72\ \%$

> 비율을 백분율로 바꾸거나 백분율을 비율로 바꾸어 비교해야 해.

5 길이가 30 cm인 막대가 기준량일 때 막대를 그려 보세요.

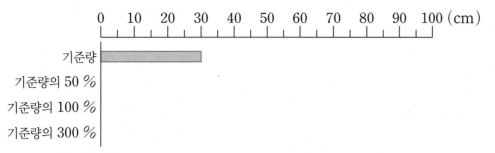

> 기준량의 100 %는 기준량과 같아.

➕ 승기네 학교 학생들이 좋아하는 계절을 조사하여 나타낸 표입니다. 띠 모양으로 나타낸 그래프의 ☐ 안에 알맞은 수를 써넣으세요.

좋아하는 계절별 학생 수

계절	봄	여름	가을	겨울	합계
백분율(%)	30	35	20	15	100

좋아하는 계절별 학생 수

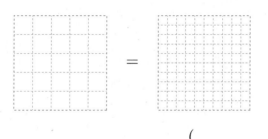

> **5단원에서 만나!**

> **띠그래프 알아보기**
>
> 띠그래프: 전체에 대한 각 부분의 비율을 띠 모양에 나타낸 그래프

😊 내가 만드는 문제

6 빈칸을 자유롭게 색칠하고 전체에 대한 색칠한 부분의 비율을 백분율로 나타내어 보세요.

☐ = ☐

(   )

> 색칠한 부분을 모눈 100칸으로 나타내면 백분율로 쉽게 나타낼 수 있어.

🎓 **비율을 백분율로 나타낼 때 왜 100을 곱하는 걸까?**

$\dfrac{13}{25}$ 의 기준량은

☐ 입니다.

=

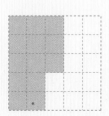

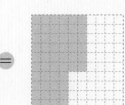

$\dfrac{13 \times \square}{25 \times \square} = \dfrac{\square}{\square}$ 의

기준량은 ☐ 입니다.

> 백분율은 기준량이 100일 때의 비율이기 때문이야.

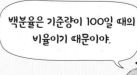

6 백분율이 사용되는 경우 알아보기

7 연수가 놀이공원에 갔습니다. 놀이공원 입장료는 20000원인데 할인을 받아 17000원을 냈습니다. 연수는 입장료를 몇 % 할인받았는지 구해 보세요.

(   )

▶ 할인 금액은 원래 가격에서 판매한 가격을 빼면 돼.

8 윤혜는 소금 273 g을 녹여 소금물 420 g을 만들었고, 가람이는 소금 170 g을 녹여 소금물 250 g을 만들었습니다. 물음에 답하세요.

(1) 두 사람이 만든 소금물에서 소금물 양에 대한 소금 양의 비율은 각각 몇 %인지 구해 보세요.

윤혜 (   ), 가람 (   )

(2) 누가 만든 소금물이 더 진한지 써 보세요.

(   )

9 민영이와 수연이가 전교 학생 회장 선거에서 얻은 표의 수를 나타낸 표입니다. 표를 완성해 보세요.

▶ (민영이의 득표율)
　＋(수연이의 득표율)
　＋(무효표의 득표율)
　＝100(%)

후보	민영	수연	무효표	합계
득표수(표)	140		35	350
득표율(%)				100

➕ 위의 표를 보고 전교 학생 회장 선거에서 전체 투표수에 대한 얻은 표의 수의 비율을 원 모양의 그래프로 나타낸 것입니다. ☐ 안에 알맞은 수를 써넣으세요.

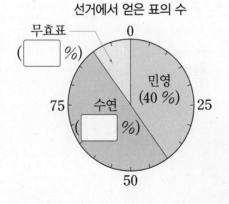

선거에서 얻은 표의 수

5단원에서 만나!

원그래프 알아보기

원그래프: 전체에 대한 각 부분의 비율을 원 모양에 나타낸 그래프

단원 평가

점수 | 확인

1 빨간 구슬이 2개, 파란 구슬이 8개 있습니다. ☐ 안에 알맞은 수를 써넣으세요.

⚫⚫⚫⚫⚫⚫⚫⚫⚫⚫

> 8÷2 = 4이므로 파란 구슬 수는 빨간 구슬 수의 ☐ 배입니다.

2 다음 비에서 기준량과 비교하는 양을 각각 찾아 써 보세요.

> 5 : 27

기준량 (   )
비교하는 양 (   )

3 전체에 대한 색칠한 부분의 비가 6 : 8이 되도록 색칠해 보세요.

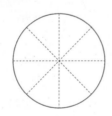

4 비교하는 양과 기준량을 쓰고 비율을 분수로 나타내어 보세요.

비	비교하는 양	기준량	비율
3 대 10			
25에 대한 8의 비			

5 관계있는 것끼리 이어 보세요.

5 : 12	•	•	$\frac{2}{3}$
12와 18의 비	•	•	0.7
10에 대한 7의 비	•	•	$\frac{5}{12}$

6 비교하는 양이 기준량보다 큰 것을 모두 찾아 기호를 써 보세요.

> ㉠ 4에 대한 3의 비   ㉡ 5 : 7
> ㉢ $\frac{9}{7}$ ㉣ 112 %

(   )

7 비에 대한 설명입니다. 틀린 것을 찾아 기호를 써 보세요.

> ㉠ 3 : 4는 3 대 4입니다.
> ㉡ 9에 대한 5의 비는 9 : 5입니다.
> ㉢ 3 : 12의 비율과 1 : 4의 비율은 같습니다.

(   )

8 두 비율의 크기를 비교하여 ○ 안에 >, =, <를 알맞게 써넣으세요.

(1) 60 % ○ $\frac{3}{4}$

(2) 0.8 ○ 90 %

9 오른쪽 수에 대한 백분율만큼 이 얼마인지 구해 보세요.

| 95 |

(1) 20 % ➡ ( )

(2) 60 % ➡ ( )

(3) 80 % ➡ ( )

10 전체에 대한 색칠한 부분을 <u>잘못</u> 나타낸 것을 찾아 기호를 써 보세요.

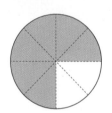

⊙ 6 대 8   ⓒ 8 : 6   ⓒ $\frac{3}{4}$ ② 75 %

( )

11 은서네 반 학급 문고에는 동화책 54권과 과학 책 46권이 있습니다. 학급 문고 책 수에 대한 과학책 수의 비율은 몇 %인지 구해 보세요.

( )

12 비율이 1보다 작은 비에 모두 ○표 하세요.

| 2 : 3   3 : 2   1 : 4   5 : 2 |

13 소금물 양에 대한 소금 양의 비율은 몇 %인지 빈칸에 써넣으세요.

	가	나
소금물(g)	200	260
소금(g)	54	91
백분율(%)		

14 두 마을의 인구와 넓이를 조사하여 나타낸 표 입니다. 넓이에 대한 인구의 비율이 더 높은 마 을을 써 보세요.

마을	풀빛 마을	고산 마을
인구(명)	8940	11760
넓이(km²)	12	16

( )

15 판매율이 더 높은 빵을 찾아 기호를 써 보세요.

⊙ 전체 빵 수에 대한 판매된 빵 수의 비 율이 65 %입니다.

ⓒ 전체 빵 500개 중 360개가 판매되었 습니다.

( )

16 지혜와 재민이가 농구공을 던져 골대에 넣었습니다. 지혜의 성공률이 더 높을 때 ☐ 안에 들어갈 수 있는 가장 큰 수를 구해 보세요.

> 지혜의 성공률은 65 %입니다.
> 재민이는 30개의 공을 던져 ☐개를 넣었습니다.

(   )

17 한 변의 길이가 24 cm인 정사각형을 다음과 같이 ㉮, ㉯ 두 부분으로 나누었습니다. 전체 넓이에 대한 ㉯ 넓이의 비율을 백분율로 나타내어 보세요.

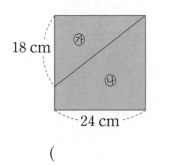

18 cm

24 cm

(   )

18 민재가 하늘 은행과 우주 은행에 같은 기간 동안 예금했을 때 받은 이자를 나타낸 표입니다. 두 은행 중에서 이자율이 더 높은 은행을 써 보세요.

은행	예금한 돈(원)	이자(원)
하늘 은행	40000	8000
우주 은행	90000	27000

(   )

19 전체에 대한 색칠한 부분의 비율은 몇 %인지 풀이 과정을 쓰고 답을 구해 보세요.

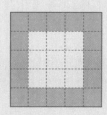

풀이

답

20 어느 문구점에서 파는 물건의 원래 가격과 판매 가격을 나타낸 표입니다. 어느 물건의 할인율이 가장 높은지 풀이 과정을 쓰고 답을 구해 보세요.

물건	원래 가격(원)	판매 가격(원)
필통	3000	2700
가방	8000	6800
실내화	5000	4100

풀이

답

5 여러 가지 그래프

항목별 백분율을 나타내는 띠그래프, 원그래프

혈액형별 학생 수

혈액형	A형	B형	AB형	O형	합계
학생 수(명)	10	5	3	2	20
백분율(%)	50	25	15	10	100

● 띠그래프로 나타내기

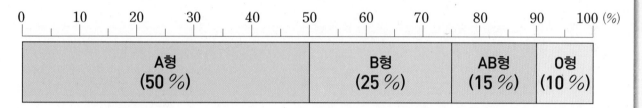

● 원그래프로 나타내기

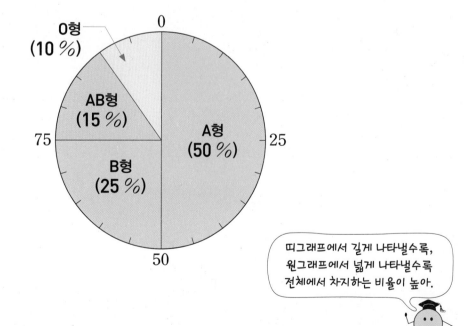

띠그래프에서 길게 나타낼수록, 원그래프에서 넓게 나타낼수록 전체에서 차지하는 비율이 높아.

① 그림그래프는 그림의 크기로 많고 적음을 알 수 있어.

개념 강의

권역별 동물 병원 수

권역	병원 수(개)		어림값(개)
서울·인천·경기	2280		2300
대전·세종·충청	605		600
광주·전라	319	→	300
강원	155		200
대구·부산·울산·경상	1239		1200
제주	111		100

→ 반올림하여 백의 자리까지 나타냅니다.

권역별 동물 병원 수

🗄 1000개
🗄 100개

• 🗄은 1000개를 나타내고, 🗄은 100개를 나타냅니다.
• 동물 병원이 가장 많은 권역은 서울·인천·경기 권역입니다.
• 동물 병원이 가장 적은 권역은 제주 권역입니다.
• 대전·세종·충청 권역의 동물 병원 수는 강원 권역의 동물 병원 수의 약 3배입니다.

권역별로 많고 적음이 한눈에 보여.

---

1 어느 마을 농장별 수박 생산량을 조사하여 나타낸 그림그래프입니다. ☐ 안에 알맞은 수를 써넣으세요.

농장별 수박 생산량

가	나
🍉🍉🍉🍉	🍉🍉🍉🍉
다	라
🍉🍉🍉🍉🍉🍉	🍉🍉🍉

🍉 1000개 🍉 100개

(1) 🍉은 ☐ 개, 🍉은 ☐ 개를 나타냅니다.

(2) 가 농장의 수박 생산량: ☐ 개

나 농장의 수박 생산량: ☐ 개

다 농장의 수박 생산량: ☐ 개

라 농장의 수박 생산량: ☐ 개

2 어느 해의 도별 기르는 소의 수를 조사하여 나타낸 그림그래프입니다. 물음에 답하세요.

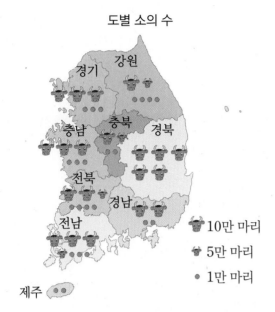

도별 소의 수

🐂 10만 마리

🐃 5만 마리

• 1만 마리

(1) 소의 수가 가장 적은 도는 어디일까요?

(   )

(2) 경기도에서 기르는 소는 몇 마리인지 구해 보세요.

(   )

3 어느 해의 권역별 쌀 생산량을 조사하여 나타낸 표입니다. 물음에 답하세요.

권역별 쌀 생산량

권역	서울·인천·경기	대전·세종·충청	광주·전라	강원	대구·부산·울산·경상
생산량(t)	443188	972166	1407475	155501	901960
어림값(t)	440000		1410000		

(1) 권역별 쌀 생산량을 반올림하여 만의 자리까지 나타내어 위의 표를 완성해 보세요.

(2) 위의 표를 보고 그림그래프를 완성해 보세요.

권역별 쌀 생산량

🌾 10만 t

🌾 1만 t

② 띠 모양으로 나타내면 띠그래프야.

● **띠그래프**: 전체에 대한 각 부분의 비율을 띠 모양에 나타낸 그래프

태어난 계절별 학생 수

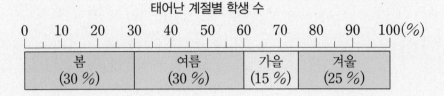

띠그래프에 표시된 눈금은 백분율을 나타내.

● **띠그래프의 특징**

● 전체에 대한 각 부분의 비율을 한눈에 알 수 있습니다.

• 겨울에 태어난 학생 수는 전체의 25 %입니다. ⟶ 작은 눈금 한 칸은 5 %를 나타냅니다.

● 각 항목끼리의 비율을 쉽게 비교할 수 있습니다.

• 봄에 태어난 학생 수는 가을에 태어난 학생 수의 2배입니다. ⟶ 띠의 길이가 2배입니다.

---

1 명진이네 반 학생들이 좋아하는 운동을 조사하여 나타낸 표입니다. 물음에 답하세요.

좋아하는 운동별 학생 수

운동	야구	축구	테니스	발레	합계
학생 수(명)	5	10	7	3	25

(1) 운동별로 백분율을 구하려고 합니다. ☐ 안에 알맞은 수를 써넣으세요.

야구: $\dfrac{5}{25} \times 100 = 20 \,(\%)$ 　　　축구: $\dfrac{10}{25} \times 100 = $ ☐ $(\%)$

테니스: $\dfrac{\boxed{}}{25} \times 100 = $ ☐ $(\%)$ 　　　발레: $\dfrac{\boxed{}}{25} \times 100 = $ ☐ $(\%)$

(2) (1)에서 구한 백분율을 이용하여 ☐ 안에 알맞은 수를 써넣으세요.

좋아하는 운동별 학생 수

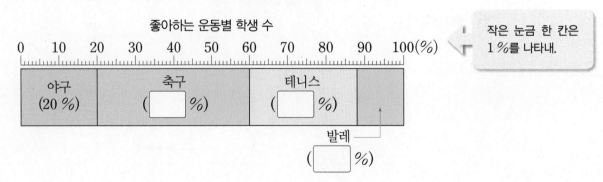

작은 눈금 한 칸은 1 %를 나타내.

3 각 항목의 백분율의 크기만큼 띠를 나누자.

● **띠그래프로 나타내는 방법**

① 자료를 보고 각 항목의 백분율을 구합니다.

학교에 있는 종류별 나무 수

종류	벚나무	소나무	전나무	밤나무	합계
나무 수(그루)	60	70	40	30	200
백분율(%)	30	35	20	15	100

백분율의 합계가 100 %가 되는지 확인합니다.

② 각 항목이 차지하는 백분율의 크기만큼 선을 그어 띠를 나눕니다.

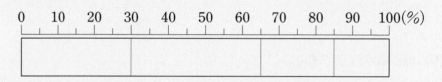

작은 눈금 한 칸은 5 %를 나타내.

③ 나눈 부분에 각 항목의 내용과 백분율을 쓰고, 제목을 씁니다.

학교에 있는 종류별 나무 수

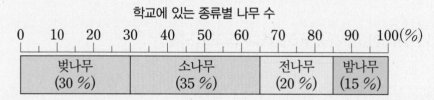

제목은 가장 먼저 써도 돼.

5

1 디딤초등학교 6학년 학생들이 여행 가고 싶은 지역을 조사하여 나타낸 표입니다. 물음에 답하세요.

여행 가고 싶은 지역별 학생 수

지역	제주	경주	부산	전주	합계
학생 수(명)	60	15	45	30	150
백분율(%)	40				

(1) 위의 표를 완성해 보세요.

(2) 위의 표를 보고 띠그래프를 완성해 보세요.

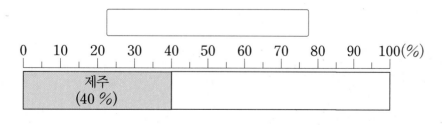

[1~3] 어느 에어컨 회사의 권역별 에어컨 판매량을 조사하여 나타낸 그림그래프입니다. 물음에 답하세요.

▶ 그림의 크기에 따라 수량이 달라.

권역별 에어컨 판매량

■ 10만 대
▪ 1만 대

1 에어컨 판매량이 가장 많은 권역을 찾아 ○표 하고 그 권역의 에어컨 판매량은 몇 대인지 구해 보세요.

(   )

2 에어컨 판매량이 같은 두 권역을 써 보세요.

(   ), (   )

▶ 큰 그림과 작은 그림의 수가 각각 같아야 해.

3 광주·전라 권역의 에어컨 판매량은 제주 권역의 에어컨 판매량보다 몇 대 더 많은지 구해 보세요.

(   )

▶ 가 ■▪▪▪
나 ▪
가는 나보다 2만 대 더 많아.

[4~5] 마을별 인구를 조사하여 나타낸 표입니다. 물음에 답하세요.

▶ 어림을 하면 그림그래프로 나타내기 쉬워.

마을별 인구

마을	햇빛	하늘	구름	달빛
인구(명)	3151	5212	3625	4251

4 마을별 인구를 반올림하여 백의 자리까지 나타내어 보세요.

마을	햇빛	하늘	구름	달빛
어림값(명)				

5 4의 표를 보고 그림그래프로 나타내어 보세요.

마을별 인구

햇빛	하늘
구름	달빛

👤 1000명
👤 100명

그림그래프가 표보다 좋은 점은?

● 표

마을별 고구마 수확량

마을	가	나	다	합계
수확량(kg)	2500	1400	4300	8200

➡ 4300 > 2500 > 1400이므로

수확량이 가장 많은 마을: ☐ 마을

● 그림그래프

마을별 고구마 수확량

가	🍠🍠🍠🍠🍠🍠🍠
나	🍠🍠🍠🍠🍠
다	🍠🍠🍠🍠🍠🍠

🍠 1000 kg 🍠 100 kg

➡ 수확량이 가장 많은 마을: ☐ 마을

수확량이 가장 적은 마을: ☐ 마을

그림그래프는 그림의 크기로 많고 적음이 한눈에 보여.

[6~8] 혜지네 학교 6학년 학생들이 좋아하는 음식 종류를 조사하여 나타낸 표와 띠그래프입니다. 물음에 답하세요.

좋아하는 음식 종류별 학생 수

음식	한식	일식	중식	양식	합계
학생 수(명)	20	24	12	24	80
백분율(%)	25	30	15	30	100

좋아하는 음식 종류별 학생 수

```
0   10   20   30   40   50   60   70   80   90  100(%)
```

| 한식 (25 %) | 일식 (30 %) | 중식 (15 %) | 양식 (30 %) |

6 띠그래프를 보고 가장 적은 학생이 좋아하는 음식 종류는 무엇이고, 이 음식 종류를 좋아하는 학생 수는 전체의 몇 %인지 차례대로 써 보세요.

(   ), (   )

▶ 띠그래프에서 길이가 가장 짧은 음식 종류를 찾아.

7 띠그래프를 보고 양식을 좋아하는 학생 수는 중식을 좋아하는 학생 수의 몇 배인지 구해 보세요.

(   )

8 표와 띠그래프 중 전체에 대한 각 항목끼리의 비율을 띠의 길이로 비교할 수 있는 것은 무엇일까요?

(   )

9 노벨상은 어떤 분야에서 가장 중요한 발견이나 발명을 한 사람에게 주는 상입니다. 다음은 나라별 노벨상 수상자 수를 조사하여 나타낸 띠그래프입니다. 독일의 노벨상 수상자 수는 전체의 몇 %일까요?

▶ 백분율의 합계는 100 %야.

나라별 노벨상 수상자 수

```
0   10   20   30   40   50   60   70   80   90  100(%)
```

| 영국 (20 %) | 독일 (□ %) | 미국 (55 %) | |

프랑스
(10 %)

(   )

5 각 항목의 백분율의 크기만큼 원을 나누자.

● 원그래프로 나타내는 방법

① 자료를 보고 각 항목의 백분율을 구합니다.

받고 싶은 선물별 학생 수

선물	휴대폰	책	게임기	기타	합계
학생 수(명)	12	3	9	6	30
백분율(%)	40	10	30	20	100

백분율의 합계가 100 %인지 확인합니다.

② 각 항목이 차지하는 백분율의 크기만큼 선을 그어 원을 나눕니다.

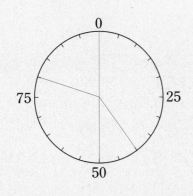

③ 나눈 부분에 각 항목의 내용과 백분율을 쓰고, 제목을 씁니다.

받고 싶은 선물별 학생 수

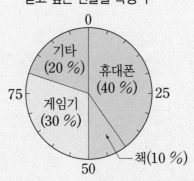

---

1 희민이네 학교 6학년 학생들이 좋아하는 채소를 조사하여 나타낸 표입니다. 물음에 답하세요.

좋아하는 채소별 학생 수

채소	오이	당근	감자	호박	합계
학생 수(명)	30	80	50	40	200
백분율(%)	15				

(1) 위의 표를 완성해 보세요.

(2) 위의 표를 보고 오른쪽 원그래프를 완성해 보세요.

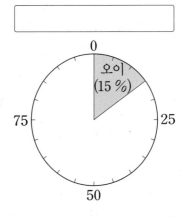

6 그래프의 비율로 여러 가지 사실을 알 수 있어.

● 띠그래프 해석하기

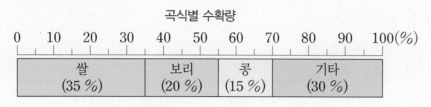

곡식별 수확량

비율이 수량을 나타내는 것은 아니야.

• 가장 높은 비율을 차지하는 곡식은 쌀입니다.
• 수확량이 차지하는 비율이 20 % 미만인 곡식은 콩입니다.
• 쌀 또는 보리의 수확량은 전체의 $35+20=55$ (%)입니다.

● 원그래프 해석하기

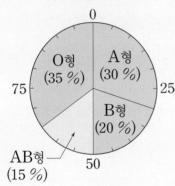

혈액형별 학생 수

• 가장 높은 비율을 차지하는 혈액형은 O형입니다.
• 혈액형 중 비율이 30 % 이상인 것은 A형과 O형입니다.
• A형인 학생 수는 AB형인 학생 수의 2배입니다.
• B형 또는 AB형인 학생 수는 전체의 $20+15=35$ (%)입니다.

1 영애네 반 학생들이 해외여행을 가고 싶은 나라를 조사하여 나타낸 띠그래프입니다. 옳은 것에는 ○표, 틀린 것에는 ×표 하세요.

가고 싶은 나라별 학생 수

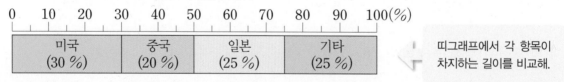

띠그래프에서 각 항목이 차지하는 길이를 비교해.

(1) 가장 많은 학생이 가고 싶은 나라는 미국입니다. ( )

(2) 가장 적은 학생이 가고 싶은 나라는 일본입니다. ( )

(3) 일본 또는 중국에 가고 싶은 학생 수는 전체의 45 %입니다. ( )

(4) 미국에 가고 싶은 학생 수는 중국에 가고 싶은 학생 수의 2배입니다. ( )

7 각 그래프의 특징을 비교해 보자.

● **그림그래프**

지역별 귤 생산량

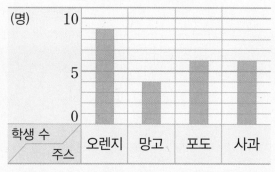

지역	생산량
가	
나	
다	

● 1000 kg ● 100 kg

➡ 그림의 크기로 수량의 많고 적음을 쉽게 알 수 있습니다.

● **막대그래프**

좋아하는 주스별 학생 수

➡ 수량의 많고 적음을 한눈에 비교하기 쉽습니다.

● **꺾은선그래프**

월별 출생아 수

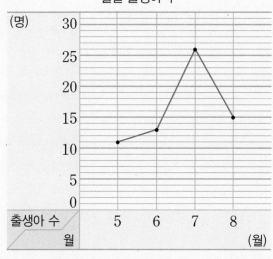

➡ 시간에 따른 수량의 변화하는 모습과 정도를 쉽게 알 수 있습니다.

● **띠그래프, 원그래프**

회장 후보자별 득표수

0 10 20 30 40 50 60 70 80 90 100(%)

민재 (30 %)	선우 (25 %)	다연 (20 %)	강우 (25 %)

회장 후보자별 득표수

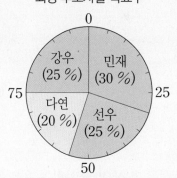

➡ 전체에 대한 각 부분의 비율을 한눈에 알아보기 쉽습니다.

---

1 전체에 대한 각 부분의 비율을 나타내기에 알맞은 그래프를 모두 찾아 ○표 하세요.

> 그림그래프   막대그래프   꺾은선그래프   띠그래프   원그래프

4 원그래프 알아보기

1 체성분이란 몸을 이루고 있는 성분을 말합니다. 이 중 단백질은 우리 몸의 장기를 형성할 뿐만 아니라 호르몬의 구성 성분이기도 합니다. 단백질은 우리 몸의 구성 성분 중 전체의 몇 %일까요?

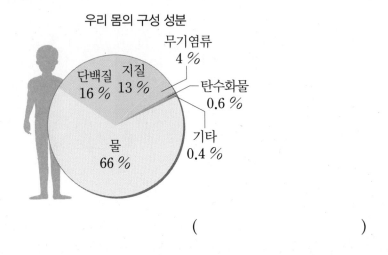

우리 몸의 구성 성분

(   )

[2~3] 혜지네 학교 6학년 학생들이 좋아하는 음식을 조사하여 나타낸 원그래프입니다. 물음에 답하세요.

▶ 주어진 원그래프에서 작은 눈금 한 칸은 1 %를 나타내.

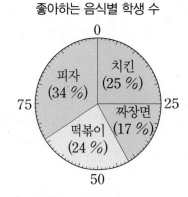

좋아하는 음식별 학생 수

2 가장 적은 학생이 좋아하는 음식은 무엇이고, 이 음식을 좋아하는 학생 수는 전체의 몇 %인지 차례대로 써 보세요.

(   ), (   )

▶ 원그래프에서 각 항목이 차지하는 크기를 비교해 봐.

3 피자를 좋아하는 학생 수는 짜장면을 좋아하는 학생 수의 몇 배일까요?

(   )

▶ 눈금의 칸 수를 비교해 봐.

4 민석이네 학교 학생들이 현장 학습으로 가고 싶은 장소를 조사하여 나타낸 원그래프입니다. 옳은 것에는 ○표, 틀린 것에는 ×표 하세요.

▶ 비율이 수량을 나타내는 것은 아니야.

가고 싶은 장소별 학생 수

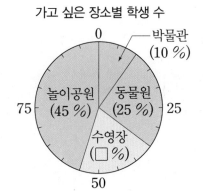

(1) 박물관 또는 동물원에 가고 싶은 학생 수는 전체의 35 %입니다. (   )

(2) 수영장에 가고 싶은 학생 수는 전체의 25 %입니다. (   )

(3) 놀이공원에 가고 싶은 학생은 45명입니다. (   )

5 예준이네 반 학생 25명의 배우고 싶은 전통 악기를 조사하여 나타낸 원그래프입니다. 해금을 배우고 싶어 하는 학생은 몇 명일까요?

▶ (항목의 수량)
  = (전체 수량)×(비율)

배우고 싶은 악기별 학생 수
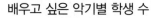

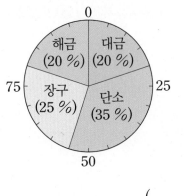

(   )

원그래프에서 알 수 있는 점은?

고민별 학생 수

• 가장 높은 비율을 차지하는 고민: ☐

• 외모에 대해 고민하는 학생 수의 비율: ☐ %

• 성적에 대해 고민하는 학생 수는 친구에 대해 고민하는 학생 수의 1.4배입니다.

원그래프에는 다양한 정보가 포함되어 있어.

6 승기네 학교 학생들이 태어난 계절을 조사하여 나타낸 표와 원그래프입니다. 표의 빈칸에 알맞은 수를 써넣고 원그래프를 완성해 보세요.

▶ 태어난 계절별 학생 수의 백분율을 구한 후 백분율의 크기만큼 원을 나누어.

태어난 계절별 학생 수

계절	학생 수(명)	백분율(%)
봄	70	35
여름	30	
가을	40	
겨울	60	
합계	200	

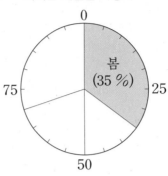

태어난 계절별 학생 수

[7~8] 자료를 읽고 물음에 답하세요.

> 윤아네 학교 학생 400명을 대상으로 좋아하는 분식을 조사하였습니다. 분식 종류별로 좋아하는 학생 수는 떡볶이 120명, 라면 120명, 튀김 100명, 어묵 60명이었습니다.

7 표를 완성해 보세요.

좋아하는 분식 종류별 학생 수

종류	떡볶이	라면	튀김	어묵	합계
학생 수(명)	120		100		400
백분율(%)		30		15	

8 원그래프로 나타내어 보세요.

▶ 0에서 원의 중심까지 그은 선에서부터 각 항목이 차지하는 크기만큼 선을 그어 원을 나눠.

좋아하는 분식 종류별 학생 수

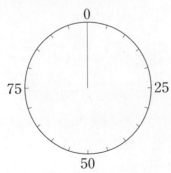

9 민수네 반 학생들이 명절에 하고 싶은 민속놀이를 조사하여 나타낸 표입니다. 전체 학생 수에 대한 윷놀이와 투호를 하고 싶은 학생 수의 백분율이 같습니다. 표의 빈칸에 알맞은 수를 써넣고 원그래프를 완성해 보세요.

하고 싶은 민속놀이별 학생 수

민속놀이	백분율(%)
제기차기	20
윷놀이	
연날리기	30
투호	
합계	

하고 싶은 민속놀이별 학생 수

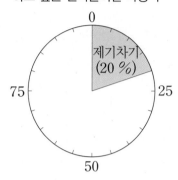

 내가 만드는 문제

10 주변 사람 20명의 성씨를 조사하여 표를 완성하고 원그래프로 나타내어 보세요.

성씨별 사람 수

성씨	사람 수(명)	백분율(%)
김씨		
이씨		
박씨		
기타		
합계	20	

성씨별 사람 수

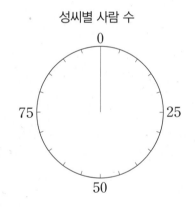

▶ 기타는 김씨, 이씨, 박씨 이외의 성을 말해.

표를 보고 원그래프로 나타내는 방법은?

가 보고 싶은 나라별 학생 수

나라	백분율(%)
독일	25
프랑스	20
영국	30
기타	25
합계	100

가 보고 싶은 나라별 학생 수

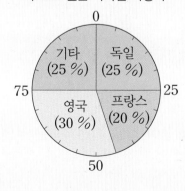

가 보고 싶은 나라별 학생 수

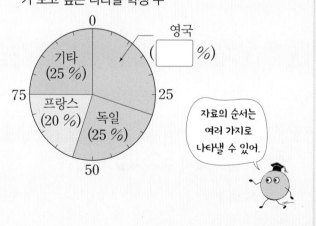

영국
(%)

자료의 순서는 여러 가지로 나타낼 수 있어.

[11~12] 과학반 학생들의 장래 희망을 조사하여 나타낸 띠그래프입니다. 물음에 답하세요.

장래 희망별 학생 수

| 과학자 (36 %) | 운동 선수 (32 %) | 선생님 (12 %) | 연예인 (16 %) | |

기타 (4 %)

11 가장 많은 학생의 장래 희망은 무엇이고, 이 장래 희망의 학생 수는 전체의 몇 %인지 차례대로 써 보세요.

( ), ( )

▶ 항목이 차지하는 띠의 길이가 길수록 비율이 높아.

12 선생님이 되고 싶은 학생이 9명이라면 과학자가 되고 싶은 학생은 몇 명일까요?

( )

[13~15] 가 마을과 나 마을의 가전제품별 전력 사용량을 나타낸 원그래프입니다. 물음에 답하세요.

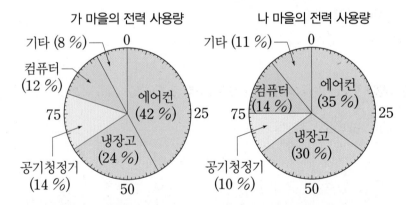

13 가 마을에서 컴퓨터의 전력 사용량은 전체의 몇 %일까요?

( )

14 나 마을에서 전력 사용량이 두 번째로 많은 가전제품은 무엇일까요?

( )

15 두 마을에서 전체에 대한 전력 사용량의 비율이 같은 가전제품은 무엇인지 찾아 각각 써 보세요.

가 마을 ( ), 나 마을 ( )

16 어느 수산 시장의 4월과 12월의 수산물 판매량을 조사하여 나타낸 띠그래프입니다. 4월과 12월의 전체 판매량이 같을 때 ☐ 안에 알맞은 수나 말을 써넣으세요.

▶ 띠그래프는 변화량의 크기를 비교하기 쉬워.

수산물 판매량

4월	고등어 (25 %)	새우 (30 %)	조개 (10 %)	오징어 (25 %)	기타 (10 %)

12월	고등어 (20 %)	새우 (45 %)	조개 (15 %)	오징어 (10 %)	기타 (10 %)

(1) 4월에 비해 12월에 판매량의 비율이 증가한 수산물은 ☐ , ☐ 입니다.

(2) 12월의 새우 판매량은 4월의 새우 판매량의 ☐ 배입니다.

17 용돈의 쓰임새별 금액을 나타낸 것입니다. 원그래프를 보고 알 수 있는 내용을 두 가지만 써 보세요.

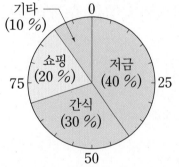

용돈의 쓰임새별 금액

....

....

....

5

🎓 **띠그래프와 원그래프의 같은 점과 다른 점은 무엇일까?**

그래프	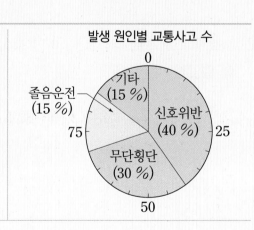
같은 점	• 비율그래프이고 전체가 100 %입니다.
다른 점	• 가로를 ☐ 등분하여 띠 모양으로 그린 그래프 　　• 원의 중심을 기준으로 원을 ☐ 등분하여 원 모양으로 그린 그래프

발생 원인별 교통사고 수

발생 원인별 교통사고 수

18 도서관을 이용한 학생 수를 요일별로 조사하여 나타낸 표입니다. 표를 보고 꺾은선그래프와 띠그래프를 완성하고 알맞은 말에 ○표 하세요.

▶ 자료를 여러 가지 그래프로 나타낼 수 있어.

도서관을 이용한 학생 수

요일	월	화	수	목	금	합계
학생 수(명)	105	115	105	95	80	500
백분율(%)	21	23	21	19	16	100

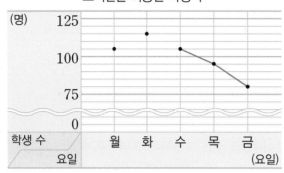

도서관을 이용한 학생 수

도서관을 이용한 학생 수

0 10 20 30 40 50 60 70 80 90 100(%)
월 (21 %)	화 (23 %)	

(1) 요일별 학생 수의 변화량을 한눈에 비교하기 쉬운 그래프는 (꺾은선그래프 , 띠그래프)입니다.

(2) 전체 학생 수에 대한 각 요일의 학생 수의 비율을 한눈에 알아보기 쉬운 그래프는 (꺾은선그래프 , 띠그래프)입니다.

19 자료를 그래프로 나타낼 때 어떤 그래프가 좋을지 보기 에서 찾아 ☐ 안에 알맞게 써넣으세요.

보기
그림그래프   막대그래프   원그래프

(1) 민희와 친구들의 키를 그래프로 나타낼 때에는 ☐ 가 가장 알맞습니다.

(2) 수호네 반 학생들이 좋아하는 과일별 학생 수의 비율을 그래프로 나타낼 때에는 ☐ 가 가장 알맞습니다.

20 과수원별 사과 생산량을 조사하여 나타낸 그림그래프입니다. 그림그래프를 보고 표로 나타낸 다음 막대그래프와 원그래프로 나타내어 보세요.

▶ 과수원별 사과 생산량을 알면 막대그래프로 나타낼 수 있고, 사과 생산량의 백분율을 구하면 원그래프로 나타낼 수 있어.

과수원별 사과 생산량

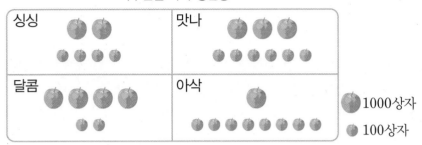

과수원별 사과 생산량

과수원	싱싱	맛나	달콤	아삭	합계
생산량(상자)					
백분율(%)					

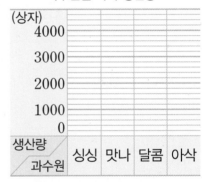

과수원별 사과 생산량

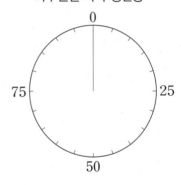

과수원별 사과 생산량

🎓 어떤 그래프가 가장 좋을까?

수량의 많고 적음을 쉽게 알 수 있습니다.	수량의 변화하는 모습과 정도를 쉽게 알 수 있습니다.	각 항목끼리의 비율을 쉽게 비교할 수 있습니다.
⬇	⬇	⬇

농장별 토마토 생산량 / 지수의 몸무게 / 마을별 학생 수

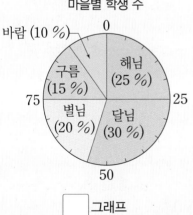

⬜ 그래프   ⬜ 그래프   ⬜ 그래프

1 띠그래프를 보고 원그래프로 나타내기

[1~2] 학생들이 가고 싶은 장소를 조사하여 나타낸 띠그래프입니다. 물음에 답하세요.

가고 싶은 장소별 학생 수

0 10 20 30 40 50 60 70 80 90 100(%)

| 놀이공원 (35 %) | 박물관 | 수영장 (20 %) | 기타 (15 %) |

1 준비

박물관에 가고 싶은 학생 수는 전체의 몇 %일까요?

(   )

2 확인

띠그래프를 보고 원그래프로 나타내어 보세요.

가고 싶은 장소별 학생 수

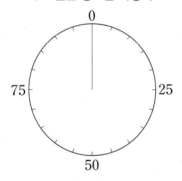

3 완성

학생들이 좋아하는 간식을 조사하여 나타낸 띠그래프를 보고 원그래프로 나타내어 보세요.

좋아하는 간식별 학생 수

0 10 20 30 40 50 60 70 80 90 100(%)

| 치킨 (30 %) | 피자 (25 %) | 떡볶이 (20 %) | | 기타 (15 %) |

햄버거

좋아하는 간식별 학생 수

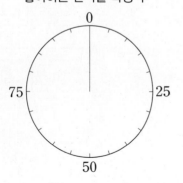

2 자료를 읽고 그래프로 나타내기

[4~6] 자료를 읽고 물음에 답하세요.

> 영석이네 학교 6학년 학생들은 가 마을에 76명, 나 마을에 60명, 다 마을에 44명, 라 마을에 20명이 삽니다.

4 준비

표로 나타내어 보세요.

마을별 학생 수

마을	가	나	다	라	합계
학생 수(명)					

5 확인

마을별 학생 수의 백분율을 구해 표로 나타내어 보세요.

마을별 학생 수

마을	가	나	다	라	합계
백분율(%)					

6 완성

띠그래프와 원그래프로 나타내어 보세요.

마을별 학생 수

0 10 20 30 40 50 60 70 80 90 100(%)

마을별 학생 수

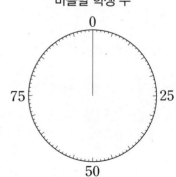

③ 항목의 비율을 이용하여 항목의 수 구하기

[7~8] 선후네 학교 학생들이 방학 때 하고 싶은 활동을 조사하여 나타낸 띠그래프입니다. 물음에 답하세요.

하고 싶은 활동별 학생 수

```
0  10  20  30  40  50  60  70  80  90  100(%)
```

| 여행 (30 %) | 영화 관람 | 도서관 (20 %) | 쇼핑 (15 %) | |
기타(10 %) ─┘

7 준비

영화 관람을 하고 싶은 학생 수는 전체의 몇 % 일까요?

( )

8 확인

조사한 학생이 모두 60명일 때 영화 관람을 하고 싶은 학생은 몇 명일까요?

( )

9 완성

윤서네 반 학생 40명이 사용하는 필기류를 한 가지씩 조사하여 나타낸 원그래프입니다. 볼펜을 사용하는 학생은 몇 명일까요?

필기류별 학생 수

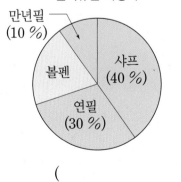

( )

④ 2개의 띠그래프를 해석하기

[10~11] 어느 지역의 2020년과 2022년에 생산된 과일을 조사하여 각각 나타낸 띠그래프입니다. 물음에 답하세요.

과일별 생산량

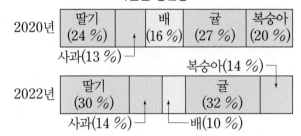

10 준비

2022년의 딸기 생산량은 배 생산량의 몇 배일까요?

( )

11 확인

2020년의 전체 과일 생산량과 2022년의 전체 과일 생산량이 같을 때 2022년의 딸기 생산량은 2020년의 딸기 생산량의 몇 배인지 분수로 나타내어 보세요.

( )

12 완성

어느 지역에서 생산된 곡식을 3년 동안 조사하여 나타낸 띠그래프입니다. 곡식 생산량이 어떻게 변하고 있는지 두 가지 써 보세요.

곡식별 생산량

	쌀	보리	밀
2020년	52.6 %	25.1 %	22.3 %
2021년	50.3 %	25.3 %	24.4 %
2022년	47 %	25 %	28 %

5

5 2개의 원그래프를 해석하기

[13～14] 혜진이네 학교 학생 800명의 학년별 학생 수와 6학년 남학생과 여학생 수를 조사하여 나타낸 원그래프입니다. 물음에 답하세요.

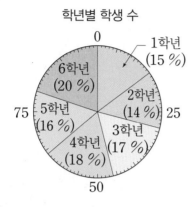

학년별 학생 수

13
준비
6학년 학생은 몇 명일까요?

( )

14
확인
6학년 남학생이 6학년 전체의 45 %일 때 6학년 여학생은 몇 명일까요?

( )

15
완성
어느 마을의 토지 이용률과 농경지 이용률을 조사하여 나타낸 원그래프입니다. 이 마을의 토지의 넓이가 3000 km²일 때 과수원의 넓이는 몇 km²일까요?

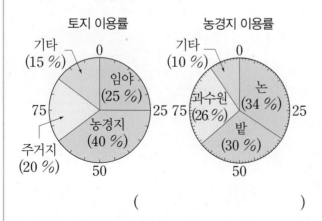

토지 이용률 · 농경지 이용률

( )

6 백분율을 이용하여 전체 양 구하기

[16～18] 예원이네 학교 학생들이 참여한 자원 봉사 활동을 조사하여 나타낸 띠그래프입니다. 물음에 답하세요.

자원 봉사 활동별 참여한 학생 수

| 복지 시설 (40 %) | 환경 보존 (25 %) | | | |

교육 활동(15 %)
지역 행사(10 %)
기타(10 %)

16
준비
복지 시설에 참여한 학생 수는 지역 행사에 참여한 학생 수의 몇 배일까요?

( )

17
확인
지역 행사에 참여한 학생이 12명이라면 복지 시설에 참여한 학생은 몇 명일까요?

( )

18
완성
지역 행사에 참여한 학생이 12명이라면 조사한 학생은 모두 몇 명일까요?

( )

단원 평가

| 점수 | 확인 |

[1~2] 마을별 옥수수 수확량을 조사하여 나타낸 표입니다. 물음에 답하세요.

마을별 옥수수 수확량

마을	가	나	다	라	합계
수확량(kg)	3100	2400	2500	3300	11300

1 1000 kg은 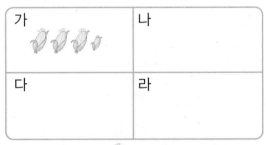, 100 kg은 으로 나타내려고 합니다. 가 마을의 수확량을 그림그래프로 나타낼 때 과 은 각각 몇 개로 나타내야 할까요?

 (   ), (   )

2 표를 보고 그림그래프를 완성해 보세요.

마을별 옥수수 수확량

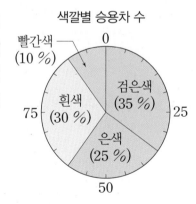

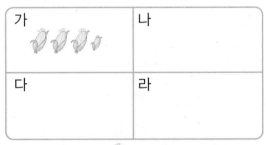1000 kg   100 kg

[3~4] 오른쪽은 어느 지역의 승용차 색깔을 조사하여 나타낸 원그래프입니다. 물음에 답하세요.

색깔별 승용차 수

빨간색 (10 %)
검은색 (35 %)
흰색 (30 %)
은색 (25 %)

3 가장 높은 비율을 차지하고 있는 승용차 색깔은 무엇일까요?

(   )

4 각 항목의 백분율을 모두 더하면 몇 %일까요?

(   )

5 표를 보고 원그래프로 나타내려고 합니다. 순서에 맞게 □ 안에 알맞은 기호를 써넣으세요.

좋아하는 운동별 학생 수

운동	수영	배구	축구	야구	합계
학생 수(명)	8	6	12	14	40

> ㉠ 백분율의 합계가 100 %가 되는지 확인합니다.
> ㉡ 원그래프의 제목을 씁니다.
> ㉢ 운동별 학생 수의 백분율을 구합니다.
> ㉣ 운동별 학생 수의 백분율의 크기만큼 원을 나눕니다.
> ㉤ 나눈 부분에 운동과 백분율을 씁니다.

□ − □ − □ − □ − ㉡

[6~8] 지우네 반 학생들이 가고 싶은 축제를 조사하여 나타낸 표입니다. 물음에 답하세요.

가고 싶은 축제별 학생 수

축제	벚꽃 축제	불꽃 축제	얼음 축제	별빛 축제	합계
학생 수(명)	6	4	3	7	20
백분율(%)	30				

6 위의 표를 완성해 보세요.

7 위의 표를 보고 띠그래프를 완성해 보세요.

가고 싶은 축제별 학생 수

0 10 20 30 40 50 60 70 80 90 100(%)

| 벚꽃 축제 (30 %) | |

8 벚꽃 축제 또는 별빛 축제에 가고 싶은 학생 수는 전체의 몇 %일까요?

(   )

5

단원 평가

[9~11] 명수네 마을에서 키우는 동물별 가구 수를 조사하여 나타낸 띠그래프입니다. 물음에 답하세요.

키우는 동물별 가구 수

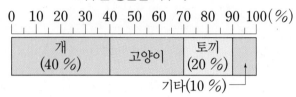

9 고양이를 키우는 가구 수는 전체의 몇 %일까요?

(   )

10 개를 키우는 가구 수는 토끼를 키우는 가구 수의 몇 배일까요?

(   )

11 고양이를 키우는 가구 수가 30가구라면 동물을 키우는 전체 가구 수는 몇 가구일까요?

(   )

12 표, 꺾은선그래프, 띠그래프의 특징을 각각 찾아 기호를 써 보세요.

> ㉠ 각 항목의 시간에 따른 변화를 한눈에 알 수 있습니다.
> ㉡ 각 항목의 수량과 합계를 바로 알 수 있습니다.
> ㉢ 각 항목이 차지하는 비율을 쉽게 알 수 있습니다.

표: ☐   꺾은선그래프: ☐   띠그래프: ☐

[13~15] 혁수네 마을의 학교별 학생 수를 조사하여 막대그래프로 나타냈습니다. 물음에 답하세요.

학교별 학생 수

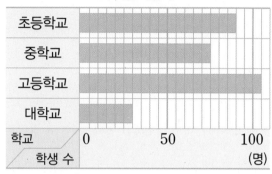

13 혁수네 마을의 학교별 학생 수의 백분율을 표로 나타내어 보세요.

학교별 학생 수

학교	초등학교	중학교	고등학교	대학교	합계
백분율(%)					

14 띠그래프로 나타내어 보세요.

학교별 학생 수

0 10 20 30 40 50 60 70 80 90 100(%)

15 원그래프로 나타내어 보세요.

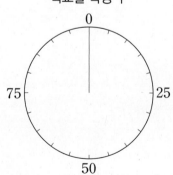

학교별 학생 수

[16~17] 어느 운동용품 판매점에서 한 달 동안 판매한 용품 수를 조사하여 나타낸 띠그래프입니다. 물음에 답하세요.

종류별 판매량

0 10 20 30 40 50 60 70 80 90 100(%)

수영 용품	축구용품 (20 %)	농구용품 (30 %)	야구용품 (25 %)	기타 (15 %)

16 농구용품 판매량이 수영용품 판매량의 3배일 때 원그래프로 나타내어 보세요.

종류별 판매량

17 축구용품이 34개 팔렸다면 수영용품은 몇 개 팔렸을까요?

(   )

18 학생 50명의 등교 시간을 조사하여 나타낸 띠그래프입니다. 등교 시간이 10분 이상 30분 미만인 학생 중 3명이 등교 시간을 10분 미만으로 줄였다면 등교 시간이 10분 미만인 학생 수는 몇 명이 될까요?

등교 시간

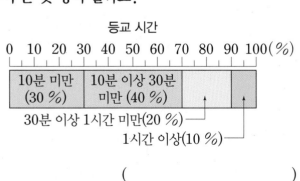

(   )

19 민국이네 학교 학생 400명이 좋아하는 빵을 조사하여 나타낸 띠그래프입니다. 케이크를 좋아하는 학생은 몇 명인지 풀이 과정을 쓰고 답을 구해 보세요.

좋아하는 빵별 학생 수

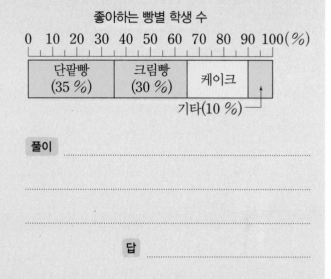

풀이 ....

....

답 ....

20 윤호네 반 학생들이 좋아하는 음료수를 조사하여 나타낸 원그래프입니다. 콜라를 좋아하는 학생 수는 주스를 좋아하는 학생 수의 몇 배인지 소수로 나타내려고 합니다. 풀이 과정을 쓰고 답을 구해 보세요.

좋아하는 음료수별 학생 수

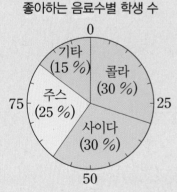

풀이 ....

....

답 ....

6 직육면체의 부피와 겉넓이

부피는 부피의 단위로, 겉넓이는 넓이의 단위로!

● **직육면체의 부피:** 부피의 단위의 개수

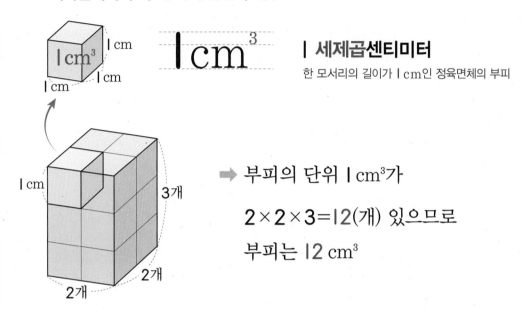

| cm³ **| 세제곱센티미터**
한 모서리의 길이가 | cm인 정육면체의 부피

➡ 부피의 단위 | cm³가

$$2 \times 2 \times 3 = 12(개) \ 있으므로$$

부피는 | 2 cm³

● **직육면체의 겉넓이:** 직육면체의 전개도에서 여섯 면의 넓이의 합

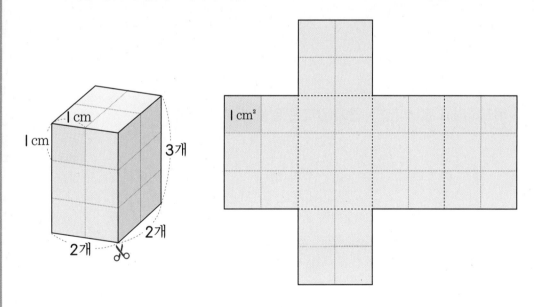

➡ 넓이의 단위 | cm²가 32(개) 있으므로

겉넓이는 32 cm²

1 어떤 물건이 공간에서 차지하는 크기가 부피야.

개념 강의

● **부피 비교하기**

• 밑면의 넓이가 같은 경우 맞대어 비교하기

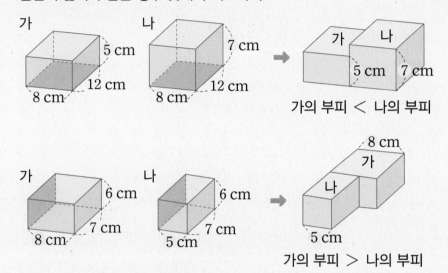

가의 부피 < 나의 부피

가의 부피 > 나의 부피

• 모양과 크기가 같은 물건을 담아서 비교하기

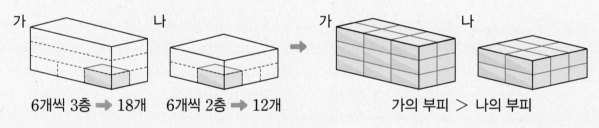

6개씩 3층 ➡ 18개   6개씩 2층 ➡ 12개   가의 부피 > 나의 부피

---

1 세 직육면체의 부피를 비교하려고 합니다. ☐ 안에 알맞은 말을 써넣으세요.

> 가로, 세로는 같으므로 비교하지 않아도 돼.

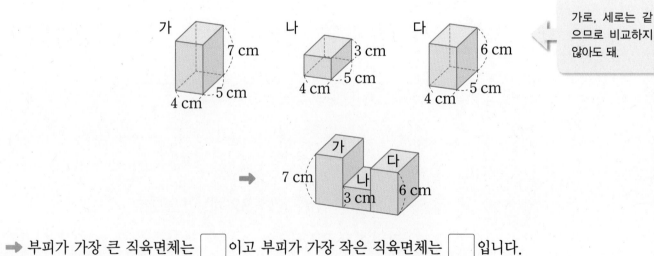

➡ 부피가 가장 큰 직육면체는 ☐ 이고 부피가 가장 작은 직육면체는 ☐ 입니다.

2 왼쪽 상자와 직접 맞대어 부피를 비교할 수 있는 상자를 찾아 기호를 써 보세요.

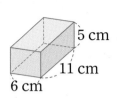
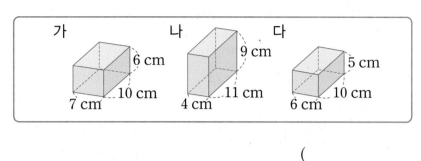

( )

3 크기가 같은 쌓기나무를 사용하여 두 직육면체의 부피를 비교하려고 합니다. ☐ 안에 알맞게 써넣으세요.

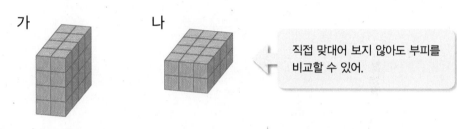

직접 맞대어 보지 않아도 부피를 비교할 수 있어.

(1) 직육면체 가의 쌓기나무는 ☐ 개, 직육면체 나의 쌓기나무는 ☐ 개입니다.

(2) 직육면체 가와 나 중에서 부피가 더 큰 직육면체는 ☐ 입니다.

4 상자 가와 나에 크기가 같은 쌓기나무를 담아 부피를 비교하려고 합니다. 물음에 답하세요.

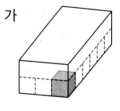
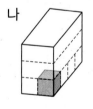

맞대어 부피를 비교할 수 없을 때는 모양과 크기가 같은 물건을 상자에 넣어 수를 비교해 보자.

(1) 상자 가와 나에 담을 수 있는 쌓기나무의 개수를 각각 구해 보세요.

가 ( ), 나 ( )

(2) 상자 가와 나 중에서 부피가 더 큰 상자의 기호를 써 보세요.

( )

2 (가로)×(세로)는 밑면의 넓이, (가로)×(세로)×(높이)는 부피야.

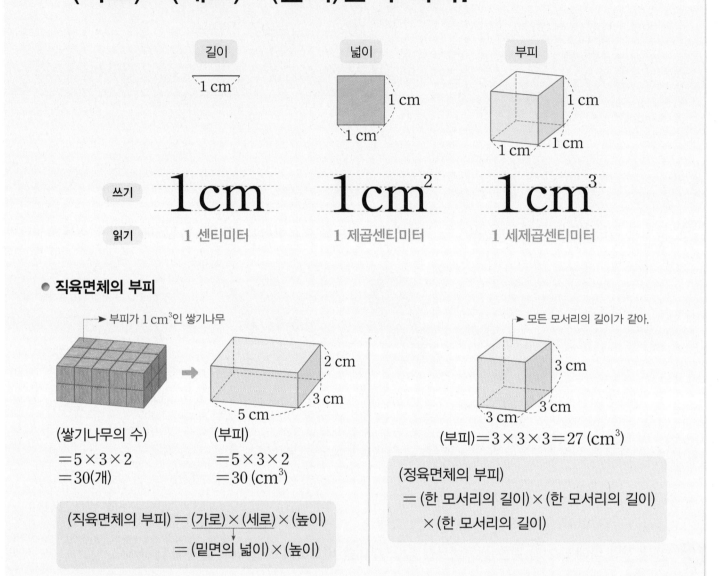

	길이	넓이	부피
쓰기	$1cm$	$1cm^2$	$1cm^3$
읽기	1 센티미터	1 제곱센티미터	1 세제곱센티미터

● **직육면체의 부피**

▶ 부피가 1 cm³인 쌓기나무

(쌓기나무의 수)
$= 5 \times 3 \times 2$
$= 30$(개)

(부피)
$= 5 \times 3 \times 2$
$= 30$ (cm³)

(직육면체의 부피) = (가로)×(세로)×(높이)
= (밑면의 넓이)×(높이)

▶ 모든 모서리의 길이가 같아.

(부피)$= 3 \times 3 \times 3 = 27$ (cm³)

(정육면체의 부피)
= (한 모서리의 길이)×(한 모서리의 길이)
×(한 모서리의 길이)

---

1 부피가 1 cm³인 쌓기나무로 다음과 같이 직육면체를 만들었습니다. ☐ 안에 알맞은 수를 써넣으세요.

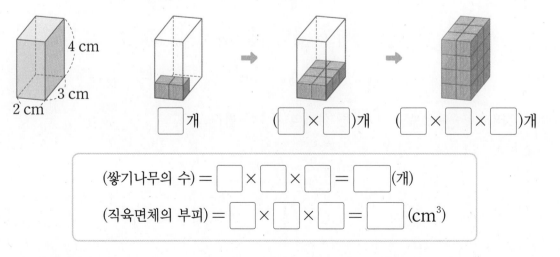

☐개　　(☐×☐)개　　(☐×☐×☐)개

(쌓기나무의 수) = ☐ × ☐ × ☐ = ☐ (개)

(직육면체의 부피) = ☐ × ☐ × ☐ = ☐ (cm³)

3 큰 부피를 재려면 m^3의 단위가 필요해.

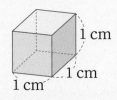

● **1 cm³**

● **1 m³**

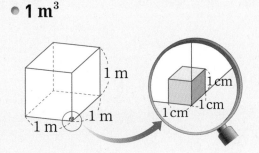

쓰기 $1m^3$

읽기 1 세제곱미터

● **1 cm³와 1 m³의 관계**

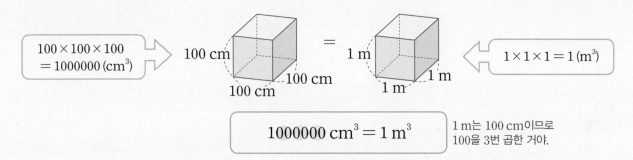

$$100 \times 100 \times 100 = 1000000 \,(cm^3)$$

100 cm   100 cm   100 cm   = 1 m   1 m   1 m

$$1 \times 1 \times 1 = 1 \,(m^3)$$

$$1000000 \,cm^3 = 1 \,m^3$$

1 m는 100 cm이므로 100을 3번 곱한 거야.

---

1 알맞은 단위에 ○표 하세요.

(1)

필통

약 875 (cm^2 , cm^3 , m^3)

(2)

냉장고

작은 부피를 잴 때는 cm^3, 큰 부피를 잴 때는 m^3를 사용해.

약 1.2 (cm^2 , cm^3 , m^3)

2 ☐ 안에 알맞은 수를 써넣으세요.

(1)

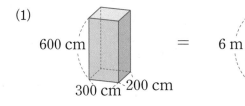

(직육면체의 부피)

$$= \boxed{} \times 2 \times \boxed{} = \boxed{} \,(m^3)$$

(2)

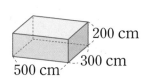

(직육면체의 부피)

$$= \boxed{} \times \boxed{} \times \boxed{}$$

$$= \boxed{} \,(cm^3) = \boxed{} \,(m^3)$$

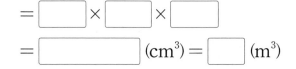

4 여섯 면의 넓이를 모두 더하면 직육면체의 겉넓이야.

● 직육면체의 겉넓이

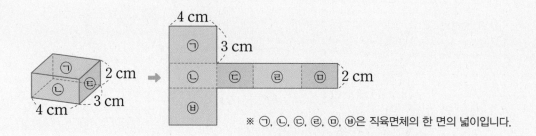

※ ㉠, ㉡, ㉢, ㉣, ㉤, ㉥은 직육면체의 한 면의 넓이입니다.

① 여섯 면의 넓이의 합

➡ ㉠+㉡+㉢+㉣+㉤+㉥
  $=12+8+6+8+6+12=52 \,(\text{cm}^2)$

② 합동인 면 3쌍의 넓이의 합

➡ ㉠×2+㉡×2+㉢×2
  $=12×2+8×2+6×2=52 \,(\text{cm}^2)$

③ 한 꼭짓점에서 만나는 세 면의 넓이의 합의 2배

➡ (㉠+㉡+㉢)×2
  $=(12+8+6)×2=52 \,(\text{cm}^2)$

④ 두 밑면과 옆면의 넓이의 합

➡ ㉠×2+(㉡+㉢+㉣+㉤)
  $=12×2+(4+3+4+3)×2$
  $=52 \,(\text{cm}^2)$

● 정육면체의 겉넓이

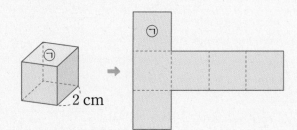

(정육면체의 겉넓이)
$=$ (한 모서리의 길이)$×$(한 모서리의 길이)$×6$
$=$ ㉠$×6$
$=2×2×6=24 \,(\text{cm}^2)$

1 크기가 같은 정육면체 2개로 만든 직육면체입니다. ☐ 안에 알맞은 수를 써넣으세요.

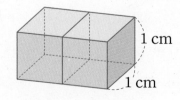

만든 직육면체의 겉넓이는 정육면체의 한 면의 넓이의 ☐ 배와 같습니다.

➡ (만든 직육면체의 겉넓이) $=$ ☐ (cm^2)

9 정육면체의 두 면의 넓이의 합이 $128 \, \text{cm}^2$일 때 이 정육면체의 겉넓이는 몇 cm^2인지 구해 보세요.

(   )

10 정육면체의 부피가 $343 \, \text{cm}^3$일 때 ☐ 안에 알맞은 수를 써넣으세요.

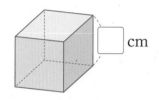

11 전개도를 접어서 만든 정육면체의 겉넓이는 $486 \, \text{cm}^2$입니다. ☐ 안에 알맞은 수를 써넣으세요.

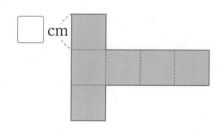

12 겉넓이가 $864 \, \text{cm}^2$인 정육면체의 부피는 몇 cm^3인지 구해 보세요.

(   )

13 직육면체 모양의 빵을 잘라 정육면체를 만들려고 합니다. 만들 수 있는 가장 큰 정육면체의 겉넓이는 몇 m^2인지 구해 보세요.

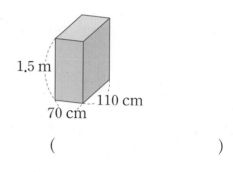

(   )

14 직육면체의 부피가 $180 \, \text{cm}^3$일 때 겉넓이는 몇 cm^2인지 구해 보세요.

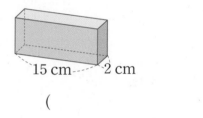

(   )

15 직육면체 가와 정육면체 나의 겉넓이는 서로 같습니다. ☐ 안에 알맞은 수를 써넣으세요.

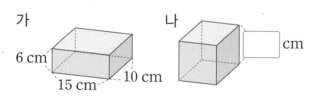

16 입체도형의 부피는 몇 cm³인지 구해 보세요.

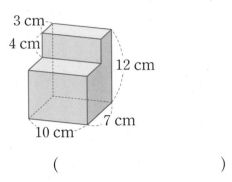

(   )

17 직육면체 모양의 수조에 돌을 넣었더니 물의 높이가 3 cm 높아졌습니다. 이 돌의 부피는 몇 cm³인지 구해 보세요.

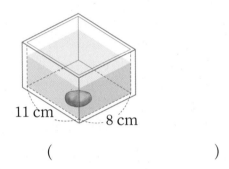

(   )

18 직육면체 모양의 상자에 한 모서리의 길이가 20 cm인 정육면체 모양의 상자를 빈틈없이 쌓으려고 합니다. 정육면체 모양의 상자를 몇 개까지 쌓을 수 있는지 구해 보세요. (단, 직육면체 모양 상자의 두께는 생각하지 않습니다.)

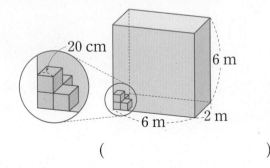

(   )

술술 서술형

19 어느 직육면체의 밑면은 넓이가 36 cm²인 정사각형이고 높이는 8 cm입니다. 이 직육면체의 겉넓이는 몇 cm²인지 풀이 과정을 쓰고 답을 구해 보세요.

풀이 _____

_____

_____

_____

답 _____

20 직육면체를 똑같이 4조각으로 자르면 직육면체 4조각의 겉넓이의 합은 처음 직육면체의 겉넓이보다 몇 cm² 늘어나는지 풀이 과정을 쓰고 답을 구해 보세요.

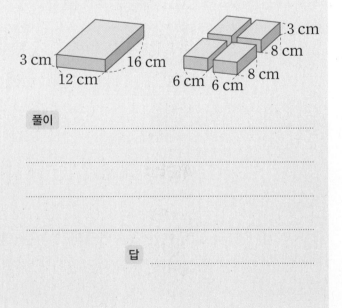

풀이 _____

_____

_____

답 _____

계산이 아닌   개념을 깨우치는

수학을 품은 연산

디딤돌
연산은
수학이다.

1~6학년(학기용)

수학 공부의 새로운 패러다임

상위권의 기준

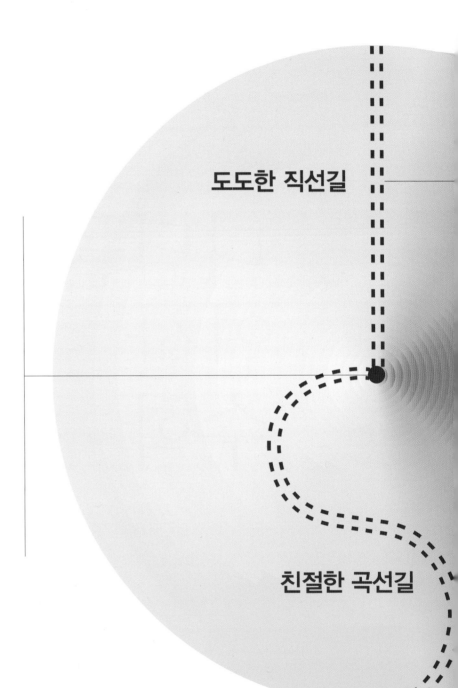

상위권의 기준

최상위
사고력

수학 좀 한다면

도도한 직선길

친절한 곡선길

수학 좀 한다면

기본탄탄북

6
1

차례

수학 좀 한다면

디딤돌

초등수학

기본탄탄북

$$\frac{6}{1}$$

- **개념 적용 복습** | 진도책의 개념 적용에서 틀리기 쉽거나 중요한 문제들을 다시 한번 풀어 보세요.

- **서술형 문제** | 쓰기 쉬운 서술형 문제로 수학적 의사표현 능력을 키워 보세요.

- **수행 평가** | 수시평가를 대비하여 꼭 한번 풀어 보세요. 시험에 대한 자신감이 생길 거예요.

- **총괄 평가** | 최종적으로 모든 단원의 문제를 풀어 보면서 실력을 점검해 보세요.

1

진도책 14쪽
4번 문제

□ 안에 알맞은 수를 써넣으세요.

$$17 ÷ 8 = 2 \cdots 1$$

$$↓ ÷8$$

$$17 ÷ 8 = \boxed{}\dfrac{\boxed{}}{\boxed{}}$$

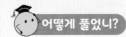 어떻게 풀었니?

$17÷8$의 몫을 분수로 나타내는 방법을 알아보자!

빵 17개를 8명이 똑같이 나누어 먹는다면 한 명이 몇 개씩 먹을 수 있을까?

빵 17개를 2개씩 나누어 먹으면 1개가 남으니까 남은 빵 1개를 다시 8조각으로 나눠서 1조각씩 먹으면 돼.

즉, $17÷8 = \boxed{} \cdots 1$에서 $\boxed{}$은/는 자연수인 몫이 되고,

나머지 1을 다시 8로 나누어 구한 값 $\dfrac{\boxed{}}{\boxed{}}$은/는 분수인 몫이 되는 거야.

자연수인 몫과 분수인 몫을 더해서 몫을 대분수로 나타낼 수 있지.

아~ $17÷8$의 몫을 분수로 나타내면 $\boxed{}\dfrac{\boxed{}}{\boxed{}}$이/가 되는구나!

2 □ 안에 알맞은 수를 써넣으세요.

(1) $26 ÷ 5 = 5 \cdots 1$

$$↓ ÷5$$

$$26 ÷ 5 = \boxed{}\dfrac{\boxed{}}{\boxed{}}$$

(2) $45 ÷ 7 = 6 \cdots \boxed{}$

$$↓ ÷7$$

$$45 ÷ 7 = \boxed{}\dfrac{\boxed{}}{\boxed{}}$$

3

진도책 16쪽
11번 문제

계산하지 않고 몫의 크기를 비교하여 ○ 안에 >, =, <를 알맞게 써넣으세요.

$$\frac{7}{18} \div 7 \bigcirc \frac{7}{18} \div 5$$

 어떻게 풀었니?

계산하지 않고 나눗셈의 몫의 크기를 비교하는 방법을 알아보자!

쿠키가 15개 있다고 할 때, 3명이 똑같이 나누어 먹는 경우와 5명이 똑같이 나누어 먹는 경우 중 한 사람이 쿠키를 더 많이 먹을 수 있는 건 어느 것일까?

3명이 나누어 먹는 경우: $15 \div 3 = 5$

5명이 나누어 먹는 경우: $15 \div 5 = 3$

3명이 나누어 먹는 경우지?

즉, 나누어지는 수가 같을 때 나누는 수가 작을수록 몫이 (커져 , 작아져).

분수의 나눗셈에서도 마찬가지야.

$\frac{7}{18} \div 7$과 $\frac{7}{18} \div 5$에서 나누어지는 수가 같고 나누는 수는 $7 > 5$이니까 몫이 더 큰 것은

$\left(\frac{7}{18} \div 7 , \frac{7}{18} \div 5 \right)$이지.

아~ 몫의 크기를 비교하면 $\frac{7}{18} \div 7 \bigcirc \frac{7}{18} \div 5$구나!

4 계산하지 않고 몫의 크기를 비교하여 ○ 안에 >, =, <를 알맞게 써넣으세요.

(1) $\frac{11}{16} \div 5 \bigcirc \frac{13}{16} \div 5$

(2) $\frac{8}{19} \div 4 \bigcirc \frac{8}{19} \div 6$

5 계산하지 않고 몫이 가장 큰 것을 찾아 기호를 써 보세요.

ㄱ $\frac{9}{13} \div 6$ ㄴ $\frac{9}{13} \div 3$ ㄷ $\frac{9}{13} \div 7$

(   )

6

진도책 18쪽
17번 문제

다음을 나눗셈식으로 나타내고 계산해 보세요.

$$\frac{9}{13}를 \ 6등분한 \ 것 \ 중의 \ 하나$$

어떻게 풀었니?

주어진 것을 나눗셈식으로 나타내고 계산해 보자!

등분이란 똑같이 나눈다는 뜻이야.

$\dfrac{9}{13}$를 똑같이 6으로 나눈 것 중의 하나는 $\dfrac{9}{13} \div \boxed{}$ 을/를 나타내.

이것은 $\dfrac{9}{13}$의 $\dfrac{\boxed{}}{\boxed{}}$ 와/과 같으니까 $\dfrac{9}{13} \times \dfrac{\boxed{}}{\boxed{}}$ 와/과 같이 곱셈으로 나타낼 수도 있어.

그러니까 나눗셈 $\dfrac{9}{13} \div \boxed{}$ 을/를 곱셈 $\dfrac{9}{13} \times \dfrac{\boxed{}}{\boxed{}}$ (으)로 나타내서 계산할 수 있지.

$$\frac{9}{13} \div \boxed{} = \frac{\overset{3}{9}}{13} \times \frac{\boxed{}}{\boxed{}} = \frac{\boxed{}}{\boxed{}}$$

아~ 주어진 것을 나눗셈식으로 나타내고 계산하면 _____ (이)구나!

7

다음을 나눗셈식으로 나타내고 계산해 보세요.

$$\frac{10}{11}을 \ 4등분한 \ 것 \ 중의 \ 하나$$

➡ _____

3-2

보리 $4\frac{3}{4}$ kg을 8봉지에 똑같이 나누어 담았습니다. 한 봉지에 담은 보리는 몇 kg인지 풀이 과정을 쓰고 답을 구해 보세요.

무엇을 쓸까? ❶ 한 봉지에 담은 보리의 양을 구하는 과정 쓰기
❷ 한 봉지에 담은 보리의 양 구하기

풀이 ....

....

....

답 ....

1

3-3

민호는 자전거를 타고 일정한 빠르기로 둘레가 $3\frac{3}{8}$ km인 공원을 한 바퀴 도는 데 5분이 걸렸습니다. 민호가 1분 동안 간 거리는 몇 km인지 풀이 과정을 쓰고 답을 구해 보세요.

무엇을 쓸까? ❶ 1분 동안 간 거리를 구하는 과정 쓰기
❷ 1분 동안 간 거리 구하기

풀이 ....

....

....

답 ....

4 **어떤 수 구하기**

어떤 분수에 4를 곱했더니 $\frac{7}{8}$이 되었습니다. 어떤 분수는 얼마인지 풀이 과정을 쓰고 답을 구해 보세요.

$$\square \times 4 = \frac{7}{8} \text{일 때 } \square \text{는?}$$

$\blacksquare \times \blacktriangle = \bullet$
$\leftrightarrow \bullet \div \blacktriangle = \blacksquare$

✎ **무엇을 쓸까?** ① 어떤 분수를 □라고 하여 식 세우기

② 어떤 분수 구하기

풀이 (예) 어떤 분수를 □라고 하면 $\square \times (\quad) = (\quad)$입니다. --- ①

따라서 $\square = (\quad) \div (\quad) = (\quad) \times (\quad) = (\quad)$입니다. --- ②

답

4-1

어떤 분수에 7을 곱했더니 $3\frac{2}{9}$가 되었습니다. 어떤 분수는 얼마인지 풀이 과정을 쓰고 답을 구해 보세요.

✎ **무엇을 쓸까?** ① 어떤 분수를 □라고 하여 식 세우기

② 어떤 분수 구하기

풀이

답

4-2

어떤 분수에 9를 곱했더니 $1\frac{7}{8}$이 되었습니다. 어떤 분수를 5로 나눈 몫은 얼마인지 풀이 과정을 쓰고 답을 구해 보세요.

✎ **무엇을 쓸까?** ❶ 어떤 분수 구하기
　　　　　　　　❷ 어떤 분수를 5로 나눈 몫 구하기

풀이

답

1

4-3

어떤 분수를 6으로 나누어야 할 것을 잘못하여 6을 곱했더니 $\frac{9}{10}$가 되었습니다. 바르게 계산하면 얼마인지 풀이 과정을 쓰고 답을 구해 보세요.

✎ **무엇을 쓸까?** ❶ 어떤 분수 구하기
　　　　　　　　❷ 바르게 계산한 값 구하기

풀이

답

수행 평가

1 □ 안에 알맞은 수를 써넣으세요.

$$\frac{4}{7} \div 5 = \frac{\boxed{}}{35} \div 5$$

$$= \frac{\boxed{} \div 5}{35} = \frac{\boxed{}}{\boxed{}}$$

2 관계있는 것끼리 이어 보세요.

$$\frac{7}{10} \div 8 \quad \cdot \qquad \cdot \quad \frac{5}{6} \times \frac{1}{11}$$

$$\frac{3}{8} \div 9 \quad \cdot \qquad \cdot \quad \frac{7}{10} \times \frac{1}{8}$$

$$\frac{5}{6} \div 11 \quad \cdot \qquad \cdot \quad \frac{3}{8} \times \frac{1}{9}$$

3 보기 와 같은 방법으로 계산해 보세요.

보기

$$\frac{8}{9} \div 7 = \frac{8}{9} \times \frac{1}{7} = \frac{8}{63}$$

$$\frac{13}{15} \div 6 \underline{\hspace{6cm}}$$

4 나눗셈의 몫을 분수로 나타내어 보세요.

(1) $4 \div 9$

(2) $\frac{5}{6} \div 3$

5 잘못 계산한 곳을 찾아 바르게 계산해 보세요.

$$3\frac{2}{5} \div 4 = \frac{17}{5} \div 4 = \frac{5}{17} \times \frac{1}{4} = \frac{5}{68}$$

➡ ....

6 나눗셈의 몫이 3과 4 사이인 식을 찾아 ○표 하세요.

$$10\frac{3}{5} \div 4 \qquad 11\frac{1}{4} \div 3 \qquad 6\frac{8}{9} \div 6$$

7 무게가 같은 책 9권의 무게를 재었더니 $5\frac{5}{8}$ kg 이었습니다. 책 한 권의 무게는 몇 kg일까요?

( )

8 ☐ 안에 들어갈 수 있는 자연수를 모두 구해 보세요.

$$11\frac{2}{3} \div 5 < \square < 14\frac{1}{4} \div 3$$

( )

9 3장의 수 카드 3 , 5 , 8 을 ☐ 안에 하나씩 넣어 몫이 가장 작은 (진분수)÷(자연수)를 만들려고 합니다. ☐ 안에 알맞은 수를 써넣고 계산해 보세요.

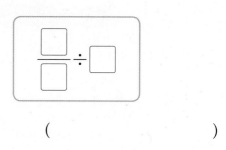

( )

서술형 문제
10 어떤 분수를 3으로 나누어야 할 것을 잘못하여 3을 곱했더니 $3\frac{6}{7}$이 되었습니다. 바르게 계산하면 얼마인지 풀이 과정을 쓰고 답을 구해 보세요.

풀이 _____

_____

_____

답 _____

➕ 개념 적용

진도책 37쪽
12번 문제

1 입체도형 '나'는 누구인지 이름을 써 보세요.

> • 나는 옆면이 모두 직사각형이야.
> • 나는 꼭짓점이 12개야.
> • 나는 밑면이 2개야.

👨‍🎓 어떻게 풀었니?

설명하는 입체도형이 무엇인지 찾고 이름을 알아보자!

옆면이 모두 직사각형이고 밑면이 2개인 입체도형은 [   ](이)야.

꼭짓점이 12개인 각기둥은 밑면이 어떤 모양일까?

오른쪽 삼각기둥을 살펴보면 삼각형이 위와 아래에 두 개 있고,

이 두 삼각형의 꼭짓점이 삼각기둥의 꼭짓점이 되지.

즉, 각기둥에서 꼭짓점의 수는 밑면인 다각형의 모양으로 결정된다는 걸 알 수 있어.

(각기둥의 꼭짓점의 수) = (한 밑면의 변의 수) × [   ]

꼭짓점이 12개인 각기둥은 위와 아래에 꼭짓점이 각각 12 ÷ 2 = [   ](개)씩 있는 거니까 밑면의

모양이 [   ]인 각기둥이야.

아~ 나는 [   ](이)구나!

2 입체도형 '나'는 누구인지 이름을 써 보세요.

> • 나는 밑면이 2개야.
> • 나는 모서리가 24개야.
> • 나는 밑면과 옆면이 모두 수직으로 만나.

(   )

3

진도책 39쪽
18번 문제

어떤 각기둥의 옆면만 그린 전개도의 일부분입니다. 이 각기둥의 밑면은 어떤 도형일까요?

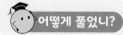 **어떻게 풀었니?**

어떤 각기둥의 전개도인지 알아보자!

각기둥의 옆면만 그린 전개도의 일부분이니까 점선인 부분에 밑면을 그려 볼까?

전개도를 접었을 때 옆면인 모서리와 밑면인 모서리가 하나하나 맞닿아서 각기둥이 되어야 하니까 밑면을 다음과 같이 그릴 수 있어.

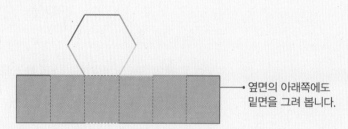

옆면의 아래쪽에도
밑면을 그려 봅니다.

그림을 보면 밑면의 변 한 개에 옆면이 한 개씩 붙게 되니까 각기둥의 전개도에서 옆면의 수는 한 밑면의 변의 수와 같다는 걸 알 수 있지.

주어진 각기둥의 옆면이 [ ]개이니까 밑면은 변의 수가 [ ]개인 [   ]이야.

아~ 이 각기둥의 밑면의 모양은 [   ]이구나!

4

어떤 각기둥의 옆면만 그린 전개도의 일부분입니다. 이 각기둥의 이름을 써 보세요.

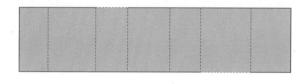

(   )

5

진도책 44쪽
3번 문제

각뿔을 잘라 오른쪽과 같은 입체도형을 만들었습니다. 만든 입체도형에 대해 바르게 설명한 사람의 이름을 써 보세요.

> 해수: 각뿔을 잘라 만든 입체도형도 각뿔이야.
>
> 하늘: 옆면이 사각형이므로 각기둥이야.
>
> 초아: 밑면이 1개가 아니니까 각뿔이 아니야.

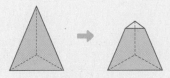

🎓 **어떻게 풀었니?**

각기둥과 각뿔의 특징을 알아보고 바르게 설명한 사람을 찾아보자!

도형	각기둥	각뿔
밑면의 수(개)		
밑면의 모양	다각형	다각형
옆면의 모양		

해수: 각뿔을 잘라 만든 도형은 옆면의 모양이 ⬚ 이 아닙니다.

➡ 각뿔이 (맞습니다 , 아닙니다).

하늘: 옆면의 모양이 ⬚ 이 아닙니다.

➡ 각기둥이 (맞습니다 , 아닙니다).

초아: 밑면이 1개가 아닙니다.

➡ 각뿔이 (맞습니다 , 아닙니다).

아~ 바르게 설명한 사람은 ⬚ (이)구나!

6

각뿔을 잘라 오른쪽과 같이 두 개의 입체도형 가와 나를 만들었습니다. 만든 두 입체도형에 대해 바르게 설명한 사람의 이름을 써 보세요.

> 지수: 가와 나 둘 다 각뿔이야.
>
> 태건: 아니야. 가는 각뿔이고, 나는 각기둥이야.
>
> 민하: 가는 각뿔이지만, 나는 각뿔도 각기둥도 아니야.

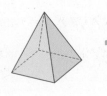

가

나

(   )

7

진도책 47쪽
11번 문제

옆면이 모두 오른쪽과 같은 이등변삼각형으로 이루어진 칠각뿔의 밑면의 둘레
는 몇 cm일까요?

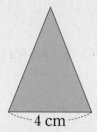
4 cm

어떻게 풀었니?

칠각뿔의 밑면의 모양을 알아보자!

각뿔의 이름은 밑면의 모양에 따라 정해진다는 거 알고 있니?

밑면의 모양이 삼각형이면 삼각뿔, 사각형이면 사각뿔, 오각형이면 오각뿔, ...이라고 해.

그럼 칠각뿔은 밑면의 모양이 ☐인 각뿔이지.

즉, 칠각뿔의 밑면의 변은 ☐개이고 밑면의 변의 길이는 모두 ☐cm이니까 밑면의 둘레는

☐×☐=☐(cm)야.

아~ 주어진 칠각뿔의 밑면의 둘레는 ☐cm구나!

2

8

옆면이 모두 오른쪽과 같은 이등변삼각형으로 이루어진 팔각뿔의 밑면의 둘레는 몇 cm
일까요?

5 cm

(   )

9

옆면이 모두 오른쪽과 같은 이등변삼각형으로 이루어진 오각뿔의 모든 모서리의
길이의 합은 몇 cm일까요?

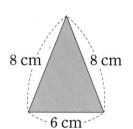
8 cm   8 cm
6 cm

(   )

1 각기둥/각뿔이 아닌 이유 쓰기

오른쪽 입체도형이 각기둥이 <u>아닌</u> 이유를 써 보세요.

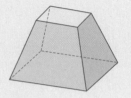

각기둥의 밑면과 옆면의 모양은?

✏️ **무엇을 쓸까?** ① 각기둥에 대하여 설명하기
② 각기둥이 아닌 이유 쓰기

이유 예 각기둥은 서로 평행한 두 면이 (   )인 다각형이고, 옆면이 (   )인

입체도형입니다. ··· ①

주어진 입체도형은 두 면이 서로 평행하지만 (   )이/가 아니고, 옆면이 (   )이/가

아니므로 각기둥이 아닙니다. ··· ②

1-1

오른쪽 입체도형이 각뿔이 <u>아닌</u> 이유를 써 보세요.

✏️ **무엇을 쓸까?** ① 각뿔에 대하여 설명하기
② 각뿔이 아닌 이유 쓰기

이유

2 각기둥의 전개도를 보고 구성 요소의 수 구하기

오른쪽 전개도를 접었을 때 만들어지는 각기둥의 모서리는 몇 개인지
풀이 과정을 쓰고 답을 구해 보세요.

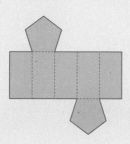

밑면의 모양이 오각형인 각기둥의
모서리의 수는?

(각기둥에서 모서리의 수)
=(한 밑면의 변의 수)×3

무엇을 쓸까? ① 전개도를 접었을 때 만들어지는 각기둥의 이름 쓰기
② 전개도를 접었을 때 만들어지는 각기둥의 모서리의 수 구하기

풀이 예 밑면의 모양이 (   )이므로 (   )입니다. … ①

따라서 (   )의 모서리는 (   )×(   )=(   )(개)입니다. … ②

답 _____

2

2-1

오른쪽 전개도를 접었을 때 만들어지는 각기둥의 꼭짓점은 몇 개
인지 풀이 과정을 쓰고 답을 구해 보세요.

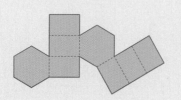

무엇을 쓸까? ① 전개도를 접었을 때 만들어지는 각기둥의 이름 쓰기
② 전개도를 접었을 때 만들어지는 각기둥의 꼭짓점의 수 구하기

풀이 _____

_____

답 _____

3 각기둥/각뿔의 모든 모서리의 길이의 합 구하기

오른쪽 각기둥의 밑면이 정육각형일 때 각기둥의 모든 모서리의 길이의
합은 몇 cm인지 풀이 과정을 쓰고 답을 구해 보세요.

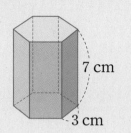

7 cm

3 cm

두 밑면의 모서리의 길이와 옆면의
모서리의 길이를 모두 더하면?

길이가 같은 모서리가
몇 개씩 있을까?

🖊 **무엇을 쓸까?** ❶ 3 cm인 모서리와 7 cm인 모서리의 수 각각 구하기

❷ 각기둥의 모든 모서리의 길이의 합 구하기

풀이 ⑩ 3 cm인 모서리는 위와 아래에 (   )개씩 있으므로 모두 (   )개이고,

7 cm인 모서리는 (   )개입니다. ⋯ ❶

따라서 각기둥의 모든 모서리의 길이의 합은

$3 \times ($ $) + 7 \times ($ $) = ($ $) + ($ $) = ($ $)$ (cm)입니다. ⋯ ❷

답 _____

3-1

오른쪽 각뿔의 밑면이 정칠각형일 때 각뿔의 모든 모서리의 길이의 합
은 몇 cm인지 풀이 과정을 쓰고 답을 구해 보세요.

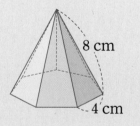

8 cm

4 cm

🖊 **무엇을 쓸까?** ❶ 4 cm인 모서리와 8 cm인 모서리의 수 각각 구하기

❷ 각뿔의 모든 모서리의 길이의 합 구하기

풀이 _____

_____

답 _____

6 삼각기둥을 보고 전개도를 그린 것입니다. ☐ 안에 알맞은 수를 써넣으세요.

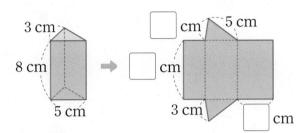

7 사각기둥의 전개도를 그려 보세요.

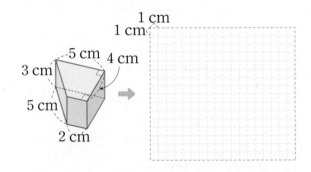

8 각기둥의 밑면이 정칠각형일 때 각기둥의 모든 모서리의 길이의 합은 몇 cm일까요?

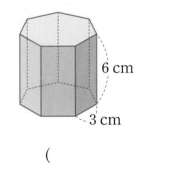

( )

9 설명하는 입체도형의 이름을 써 보세요.

- 두 밑면이 서로 평행하고 합동입니다.
- 옆면의 모양은 모두 직사각형입니다.
- 모서리는 27개입니다.

( )

서술형 문제
10 오각기둥과 꼭짓점의 수가 같은 각뿔이 있습니다. 이 각뿔의 모서리는 몇 개인지 풀이 과정을 쓰고 답을 구해 보세요.

풀이 ....

....

....

....

답 ....

➕ 개념 적용

1

진도책 63쪽
11번 문제

무게가 같은 빨간색 구슬 3개와 무게가 2.16 g인 파란색 구슬 한 개를 윗접시저울에 올려놓았더니 오른쪽과 같았습니다. 빨간색 구슬 한 개의 무게는 몇 g인지 구해 보세요.

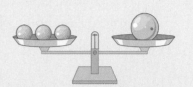

😊 **어떻게 풀었니?**

파란색 구슬의 무게를 이용해서 빨간색 구슬의 무게를 구해 보자!

빨간색 구슬 3개를 올려놓은 접시와 파란색 구슬 한 개를 올려놓은 접시가 한쪽으로 기울어지지 않고 균형을 이루고 있네.

윗접시저울이 균형을 이루었다는 건 양쪽에 놓인 무게가 같다는 거야.

빨간색 구슬 3개의 무게와 파란색 구슬 한 개의 무게가 같으니까

빨간색 구슬 3개의 무게는 $\boxed{}$ g이야.

빨간색 구슬 3개의 무게가 모두 같으니까

(빨간색 구슬 한 개의 무게) = (빨간색 구슬 3개의 무게) ÷ $\boxed{}$

$= \boxed{} ÷ \boxed{} = \boxed{}$ (g)

이지.

아~ 빨간색 구슬 한 개의 무게는 $\boxed{}$ g이구나!

2

무게가 같은 노란색 구슬 5개와 무게가 3.75 g인 초록색 구슬 한 개를 윗접시저울에 올려놓았더니 다음과 같았습니다. 노란색 구슬 한 개의 무게는 몇 g인지 구해 보세요.

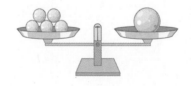

(   )

3

진도책 71쪽
11번 문제

화살표를 따라가며 계산하여 빈칸에 알맞은 수를 써넣으세요.

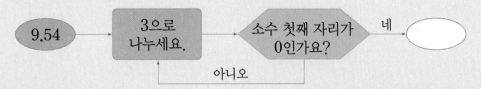

어떻게 풀었니?

화살표를 따라가며 계산해 보자!

화살표를 따라가 보면 처음에 9.54를 3으로 나누고,

몫의 소수 첫째 자리가 0이면 '네'를 따라 빈칸에 몫을 써넣고,

몫의 소수 첫째 자리가 0이 아니면 '아니오'를 따라 전 단계로 돌아가는 거야.

다시 반복하여 몫의 소수 첫째 자리가 0이 될 때까지 나눗셈을 하면 돼.

① 9.54를 3으로 나누세요. ➡ $9.54 \div 3 = \boxed{}$

② 소수 첫째 자리가 0인가요? ➡ (네 , 아니오)

③ ①에서 나온 몫을 다시 3으로 나누세요. ➡ $\boxed{} \div 3 = \boxed{}$

④ 소수 첫째 자리가 0인가요? ➡ (네 , 아니오)

⑤ 빈칸에 알맞은 수를 써넣으세요. ➡ $\boxed{}$

아~ 빈칸에 알맞은 수는 $\boxed{}$ (이)구나!

4

화살표를 따라가며 계산하여 빈칸에 알맞은 수를 써넣으세요.

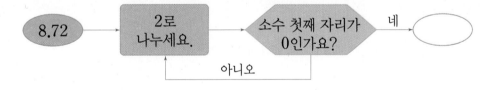

5

진도책 73쪽
17번 문제

나머지가 0이 될 때까지 0을 내려 계산할 때 0을 내린 횟수가 다른 나눗셈을 찾아 기호를 써 보세요.

| ㉠ 46÷4 | ㉡ 53÷4 | ㉢ 37÷4 | ㉣ 27÷4 |

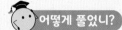 어떻게 풀었니?

(자연수)÷(자연수)의 몫을 나누어떨어질 때까지 나누어 구해 보자!

㉠ 46÷4에서 나누어지는 수 46에 소수점을 찍으면 46 = 46.0 = 46.00···과 같이 수의 오른쪽 끝에 0을 무한히 쓸 수 있어. 그러니까 나눗셈을 해서 나머지가 생길 때마다 0을 내려 써서 계산하면 돼.

주어진 나눗셈을 각각 계산해서 0을 내린 횟수를 구해 봐.

```
㉠      1 1.5
     4) 4 6.0
        4
        6
        4
        2 0
        2 0
          0
```

```
㉡      1 3.2 5
     4) 5 3.0 0
        4
        1 3
        1 2
          1 0
            8
          2 0
          2 0
            0
```

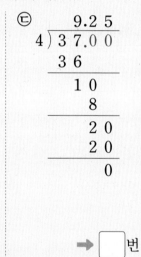

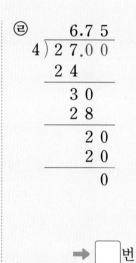

➡ ☐번   ➡ ☐번   ➡ ☐번   ➡ ☐번

아~ 0을 내린 횟수가 다른 나눗셈은 ☐이구나!

6

나머지가 0이 될 때까지 0을 내려 계산할 때 0을 내린 횟수가 가장 많은 나눗셈을 찾아 기호를 써 보세요.

| ㉠ 20÷8 | ㉡ 58÷8 | ㉢ 27÷8 | ㉣ 38÷8 |

(   )

7

진도책 75쪽
25번 문제

몫을 어림하여 몫이 1보다 큰 나눗셈을 모두 찾아 기호를 써 보세요.

| ㉠ 4.52÷4 | ㉡ 7.56÷3 | ㉢ 5.8÷5 |
| ㉣ 1.4÷5 | ㉤ 6.84÷9 | ㉥ 3.9÷6 |

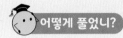 어떻게 풀었니?

나눗셈의 몫을 어림해 보자!

몫이 1보다 큰 나눗셈을 찾는 거니까 몫의 자연수 부분만 알면 돼.

㉠ 4.52÷4에서 나누어지는 수의 자연수 부분인 4에 나누는 수 4가 ☐ 번 들어가니까

4.52÷4의 몫은 ☐.××라고 어림할 수 있지.

마찬가지 방법으로 몫을 각각 어림해 보면

㉡ 7.56÷3 ➡ 7÷3 ➡ ☐.××

㉢ 5.8÷5 ➡ 5÷5 ➡ ☐.××

㉣ 1.4÷5 ➡ 1÷5 ➡ ☐.××

㉤ 6.84÷9 ➡ 6÷9 ➡ ☐.××

㉥ 3.9÷6 ➡ 3÷6 ➡ ☐.××

이때 나누어지는 수가 나누는 수보다 크면 몫이 1보다 크다는 걸 알 수 있어.

아~ 몫이 1보다 큰 나눗셈은 ☐, ☐, ☐이구나!

8

몫을 어림하여 몫이 1보다 작은 나눗셈을 모두 찾아 기호를 써 보세요.

| ㉠ 5.68÷8 | ㉡ 4.62÷2 | ㉢ 6.44÷7 |
| ㉣ 2.07÷3 | ㉤ 9.15÷5 | ㉥ 6.78÷6 |

(   )

📃 쓰기 쉬운 서술형

1 소수의 나눗셈의 활용

식용유 5.36 L를 4개의 병에 똑같이 나누어 담으려고 합니다. 한 병에 식용유를 몇 L 담아야 하는지 풀이 과정을 쓰고 답을 구해 보세요.

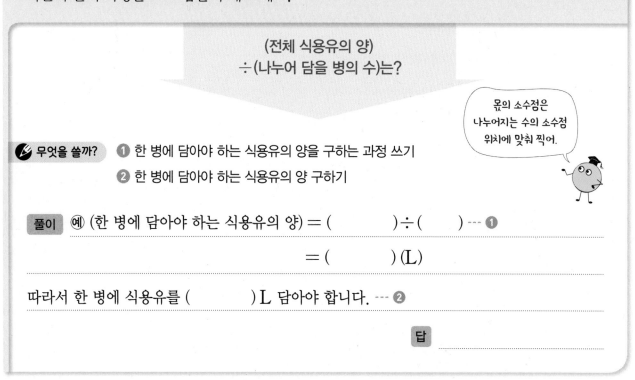

(전체 식용유의 양)
÷(나누어 담을 병의 수)는?

몫의 소수점은 나누어지는 수의 소수점 위치에 맞춰 찍어.

✏️ 무엇을 쓸까? ❶ 한 병에 담아야 하는 식용유의 양을 구하는 과정 쓰기

❷ 한 병에 담아야 하는 식용유의 양 구하기

풀이 예 (한 병에 담아야 하는 식용유의 양) = (   )÷(   ) ··· ❶

= (   ) (L)

따라서 한 병에 식용유를 (   )L 담아야 합니다. ··· ❷

답

1-1

찰흙 12.18 kg을 6개의 모둠에 똑같이 나누어 주려고 합니다. 한 모둠에 찰흙을 몇 kg 주어야 하는지 풀이 과정을 쓰고 답을 구해 보세요.

✏️ 무엇을 쓸까? ❶ 한 모둠에 주어야 하는 찰흙의 무게를 구하는 과정 쓰기

❷ 한 모둠에 주어야 하는 찰흙의 무게 구하기

풀이

답

1-2

준호가 자전거를 타고 일정한 빠르기로 3.6 km를 달리는 데 8분이 걸렸습니다. 준호가 1분 동안 달린 거리는 몇 km인지 풀이 과정을 쓰고 답을 구해 보세요.

 무엇을 쓸까? ❶ 준호가 1분 동안 달린 거리를 구하는 과정 쓰기

❷ 준호가 1분 동안 달린 거리 구하기

풀이

답

3

1-3

똑같은 통조림 7개를 담은 상자의 무게가 4.13 kg입니다. 빈 상자의 무게가 0.35 kg이라면 통조림 한 개의 무게는 몇 kg인지 풀이 과정을 쓰고 답을 구해 보세요.

 무엇을 쓸까? ❶ 통조림 7개의 무게 구하기

❷ 통조림 한 개의 무게 구하기

풀이

답

2 바르게 계산한 값 구하기

어떤 수를 3으로 나누어야 할 것을 잘못하여 3을 곱했더니 15.66이 되었습니다. 바르게 계산한 값은 얼마인지 풀이 과정을 쓰고 답을 구해 보세요.

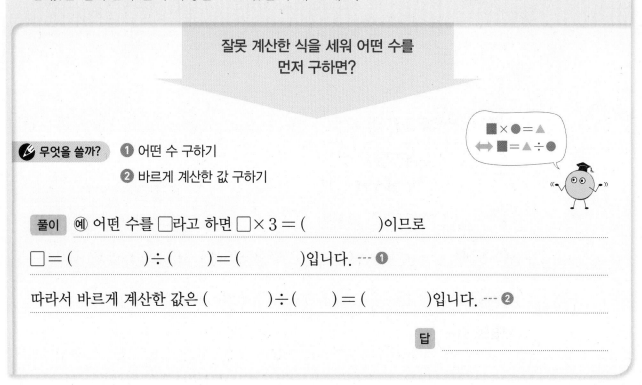

> 잘못 계산한 식을 세워 어떤 수를 먼저 구하면?

🖋 무엇을 쓸까? ❶ 어떤 수 구하기
 ❷ 바르게 계산한 값 구하기

■ × ● = ▲
↔ ■ = ▲ ÷ ●

풀이 예 어떤 수를 ☐라고 하면 ☐ × 3 = (   )이므로

☐ = (   ) ÷ (   ) = (   )입니다. --- ❶

따라서 바르게 계산한 값은 (   ) ÷ (   ) = (   )입니다. --- ❷

답 _____

2-1

어떤 수를 4로 나누어야 할 것을 잘못하여 4를 곱했더니 21.6이 되었습니다. 바르게 계산한 값은 얼마인지 풀이 과정을 쓰고 답을 구해 보세요.

🖋 무엇을 쓸까? ❶ 어떤 수 구하기
 ❷ 바르게 계산한 값 구하기

풀이 _____

_____

_____

답 _____

3 간격 구하기

길이가 17.1 m인 도로의 한쪽에 나무 7그루를 처음부터 끝까지 같은 간격으로 심으려고 합니다. 나무 사이의 간격을 몇 m로 해야 하는지 풀이 과정을 쓰고 답을 구해 보세요. (단, 나무의 굵기는 생각하지 않습니다.)

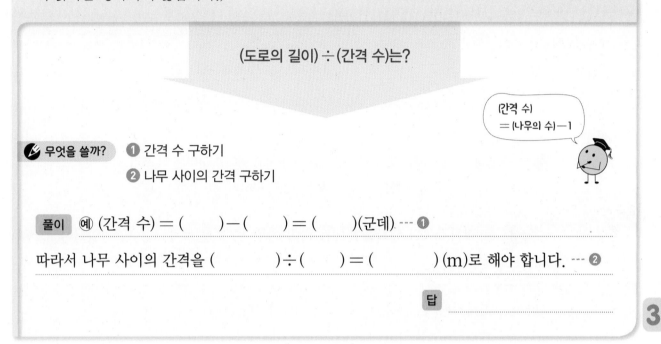

(도로의 길이) ÷ (간격 수)는?

(간격 수)
= (나무의 수) − 1

🖋 무엇을 쓸까? ❶ 간격 수 구하기
　　　　　　　　 ❷ 나무 사이의 간격 구하기

풀이 ⑩ (간격 수) = (　　　) − (　　　) = (　　　)(군데) ⋯ ❶

따라서 나무 사이의 간격을 (　　　　) ÷ (　　　) = (　　　　)(m)로 해야 합니다. ⋯ ❷

답 ＿＿＿＿＿＿＿＿＿

3

3-1

길이가 18.56 m인 도로의 양쪽에 나무 18그루를 처음부터 끝까지 같은 간격으로 심으려고 합니다. 나무 사이의 간격을 몇 m로 해야 하는지 풀이 과정을 쓰고 답을 구해 보세요. (단, 나무의 굵기는 생각하지 않습니다.)

🖋 무엇을 쓸까? ❶ 도로 한쪽에 심어야 하는 나무의 수 구하기
　　　　　　　　 ❷ 간격 수 구하기
　　　　　　　　 ❸ 나무 사이의 간격 구하기

풀이 ＿＿＿＿＿＿＿＿＿＿＿＿＿＿＿＿＿＿＿＿＿＿＿＿＿

＿＿＿＿＿＿＿＿＿＿＿＿＿＿＿＿＿＿＿＿＿＿＿＿＿

＿＿＿＿＿＿＿＿＿＿＿＿＿＿＿＿＿＿＿＿＿＿＿＿＿

답 ＿＿＿＿＿＿＿＿＿

4 도형에서 변의 길이 구하기

가로가 12 cm이고 넓이가 75.6 cm²인 직사각형이 있습니다. 이 직사각형의 세로는 몇 cm인지 풀이 과정을 쓰고 답을 구해 보세요.

----12 cm----

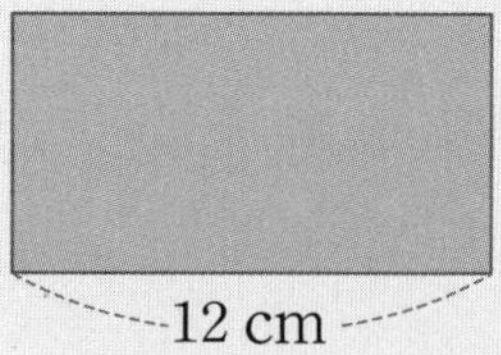

$$12 \times \square = 75.6 일 때 \square 는?$$

🍴 **무엇을 쓸까?** ❶ 직사각형의 세로를 □cm라 하고 넓이를 구하는 식 쓰기
❷ 직사각형의 세로는 몇 cm인지 구하기

(직사각형의 넓이)
= (가로) × (세로)

풀이 예 직사각형의 세로를 □cm라고 하면 12 × □ = (　　　)입니다. --- ❶

□ = (　　　) ÷ (　　) = (　　　)

따라서 직사각형의 세로는 (　　　) cm입니다. --- ❷

답

4-1

밑변의 길이가 13 cm이고 넓이가 74.75 cm²인 삼각형이 있습니다. 이 삼각형의 높이는 몇 cm인지 풀이 과정을 쓰고 답을 구해 보세요.

🍴 **무엇을 쓸까?** ❶ 삼각형의 높이를 □cm라 하고 넓이를 구하는 식 쓰기
❷ 삼각형의 높이는 몇 cm인지 구하기

풀이

답

4-2

오른쪽 사다리꼴의 넓이가 63 cm^2일 때 높이는 몇 cm인지 풀이 과정을 쓰고 답을 구해 보세요.

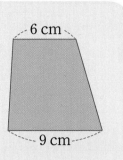

6 cm

9 cm

⚡ **무엇을 쓸까?**　❶ 사다리꼴의 높이를 □cm라 하고 넓이를 구하는 식 쓰기

　　　　　　　　　❷ 사다리꼴의 높이는 몇 cm인지 구하기

풀이

답

4-3

직사각형과 마름모의 넓이가 같을 때 □ 안에 알맞은 수는 얼마인지 풀이 과정을 쓰고 답을 구해 보세요.

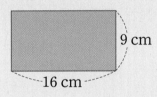

9 cm

16 cm

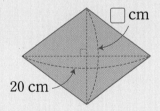

□ cm

20 cm

⚡ **무엇을 쓸까?**　❶ 직사각형의 넓이 구하기

　　　　　　　　　❷ 마름모의 넓이를 구하는 식 쓰기

　　　　　　　　　❸ □ 안에 알맞은 수 구하기

풀이

답

수행 평가

1 □ 안에 알맞은 수를 써넣으세요.

$$3.16 \div 4 = \frac{\boxed{}}{100} \div 4 = \frac{\boxed{} \div 4}{100}$$

$$= \frac{\boxed{}}{100} = \boxed{}$$

2 나누어떨어지도록 계산해 보세요.

(1)
$$5\overline{)6.2}$$

(2)
$$8\overline{)2\,0}$$

3 계산이 <u>잘못된</u> 곳을 찾아 바르게 계산해 보세요.

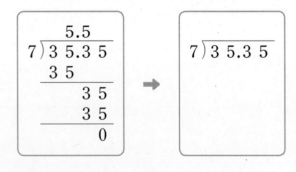

4 $2277 \div 9 = 253$을 이용하여 □ 안에 알맞은 수를 써넣으세요.

$$\boxed{} \div 9 = 25.3$$

5 □ 안에 알맞은 수를 써넣으세요.

(1) $2.76 \div 4 = \boxed{} \div 2$

(2) $38.07 \div 9 = \boxed{} \div 3$

7

진도책 101쪽
11번 문제

세현이는 친구들과 미술관, 박물관, 소극장 중 한 곳을 가려고 합니다. 할인율이 가장 높은 곳을 구해 보세요.

	원래 입장료(원)	할인된 입장료(원)
미술관	15000	11250
박물관	18000	11520
소극장	42000	29400

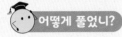 어떻게 풀었니?

장소별 할인율을 각각 구해 보자!

할인율은 원래 가격에 대한 할인 금액의 비율이니까 장소별 할인 금액을 먼저 구해야 해.

(미술관의 할인 금액) = 15000 − 11250 = ☐ (원)

(박물관의 할인 금액) = 18000 − 11520 = ☐ (원)

(소극장의 할인 금액) = 42000 − 29400 = ☐ (원)

이제, 장소별 할인율을 백분율로 나타내 봐.

$$(미술관의\ 할인율) = \frac{\boxed{}}{15000} \times 100 = \boxed{}\ (\%)$$

$$(박물관의\ 할인율) = \frac{\boxed{}}{18000} \times 100 = \boxed{}\ (\%)$$

$$(소극장의\ 할인율) = \frac{\boxed{}}{42000} \times 100 = \boxed{}\ (\%)$$

할인율을 비교하면 ☐ % > ☐ % > ☐ %야.

아~ 할인율이 가장 높은 곳은 ☐ 이구나!

8

어느 문구점에서 학용품을 할인하여 판매하고 있습니다. 할인율이 가장 높은 학용품을 구해 보세요.

	원래 가격(원)	할인된 판매 가격(원)
공책	1000	750
필통	4800	4080
색연필	3500	2800

(   )

4 ● 쓰기 쉬운 서술형

1 비로 나타내기

윤아네 반 학생 26명 중에서 안경을 쓴 학생은 9명입니다. 전체 학생 수에 대한 안경을 쓰지 않은 학생 수의 비를 구하려고 합니다. 풀이 과정을 쓰고 답을 구해 보세요.

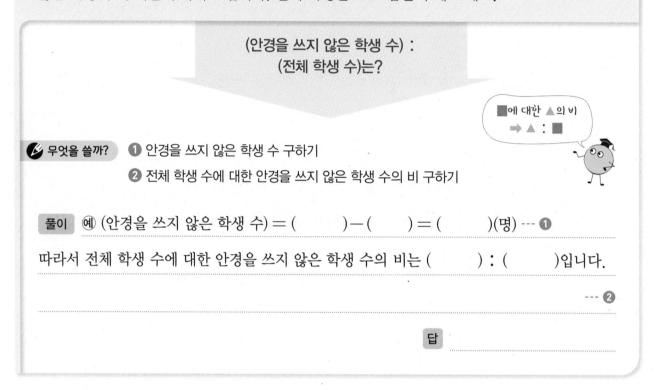

(안경을 쓰지 않은 학생 수) :
(전체 학생 수)는?

■에 대한 ▲의 비
➡ ▲ : ■

무엇을 쓸까? ❶ 안경을 쓰지 않은 학생 수 구하기

❷ 전체 학생 수에 대한 안경을 쓰지 않은 학생 수의 비 구하기

풀이 ㉮ (안경을 쓰지 않은 학생 수) = (　　　) − (　　) = (　　　)(명) ⋯ ❶

따라서 전체 학생 수에 대한 안경을 쓰지 않은 학생 수의 비는 (　　　) : (　　　)입니다.

⋯ ❷

답 _____

1-1

태오네 학교 6학년 학생 114명 중에서 남학생은 60명입니다. 전체 학생 수에 대한 여학생 수의 비를 구하려고 합니다. 풀이 과정을 쓰고 답을 구해 보세요.

무엇을 쓸까? ❶ 여학생 수 구하기

❷ 전체 학생 수에 대한 여학생 수의 비 구하기

풀이 _____

_____

답 _____

2 비율이 같은 것 찾기

비율이 같은 것을 찾아 기호를 쓰려고 합니다. 풀이 과정을 쓰고 답을 구해 보세요.

> ㉠ 4 : 5   ㉡ 15와 12의 비   ㉢ 25에 대한 20의 비

비율을 분수로 나타내어 비교하면?

무엇을 쓸까? ❶ 비율을 각각 기약분수로 나타내기

❷ 비율이 같은 것 찾기

풀이 예 비율을 각각 기약분수로 나타내면

㉠ 4 : 5 ➡ $\dfrac{(\quad)}{(\quad)}$, ㉡ 15와 12의 비 ➡ ( ) : ( ) ➡ $\dfrac{(\quad)}{(\quad)} = \dfrac{(\quad)}{(\quad)}$,

㉢ 25에 대한 20의 비 ➡ ( ) : ( ) ➡ $\dfrac{(\quad)}{(\quad)} = \dfrac{(\quad)}{(\quad)}$입니다.

따라서 비율이 같은 것은 ( )과 ( )입니다. --- ❷

답

2-1

비율이 같은 것을 찾아 기호를 쓰려고 합니다. 풀이 과정을 쓰고 답을 구해 보세요.

> ㉠ 10 : 14   ㉡ 21에 대한 18의 비   ㉢ 42와 49의 비

무엇을 쓸까? ❶ 비율을 각각 기약분수로 나타내기

❷ 비율이 같은 것 찾기

풀이

답

3 비율의 활용

자전거를 타고 민우는 2 km를 가는 데 5분이 걸렸고, 지호는 1.5 km를 가는 데 4분이 걸렸습니다. 더 빨리 달린 사람은 누구인지 풀이 과정을 쓰고 답을 구해 보세요.

> 걸린 시간에 대한 간 거리의 비율이
> 더 큰 사람은?

같은 시간 동안 더 많은 거리를 간 사람이 더 빨라.

✍ **무엇을 쓸까?** ❶ 걸린 시간에 대한 간 거리의 비율 각각 구하기

❷ 더 빨리 달린 사람 구하기

풀이 예 걸린 시간에 대한 간 거리의 비율을 각각 구하면

민우: 2 km = 2000 m이므로 (비율) = $\dfrac{(\quad\quad)}{(\quad)}$ = (   ),

지호: 1.5 km = (   ) m이므로 (비율) = $\dfrac{(\quad\quad)}{(\quad)}$ = (   )입니다. --- ❶

따라서 (   ) > (   )이므로 더 빨리 달린 사람은 (   )입니다. --- ❷

답 _____

3-1

두 마을의 인구와 넓이를 조사한 표입니다. 인구가 더 밀집한 마을은 어느 마을인지 풀이 과정을 쓰고 답을 구해 보세요.

마을	인구(명)	넓이(km^2)
가	3600	15
나	5500	25

✍ **무엇을 쓸까?** ❶ 넓이에 대한 인구의 비율 각각 구하기

❷ 인구가 더 밀집한 마을 구하기

풀이 _____

_____

답 _____

3-2

민주는 우유에 초콜릿 시럽 100 mL를 넣어 초코우유 250 mL를 만들었고, 정우는 우유에 초콜릿 시럽 84 mL를 넣어 초코우유 200 mL를 만들었습니다. 누가 만든 초코우유가 더 진한지 풀이 과정을 쓰고 답을 구해 보세요.

무엇을 쓸까? ❶ 초코우유 양에 대한 초콜릿 시럽 양의 비율 각각 구하기
❷ 누가 만든 초코우유가 더 진한지 구하기

풀이 ....

....

....

답 ....

3-3

흰색 페인트와 파란색 페인트를 섞어서 하늘색 페인트를 만들었습니다. 어느 통에 만든 하늘색 페인트가 더 진한지 풀이 과정을 쓰고 답을 구해 보세요.

통	흰색 페인트(mL)	파란색 페인트(mL)
㉮	500	90
㉯	600	120

무엇을 쓸까? ❶ 흰색 페인트 양에 대한 파란색 페인트 양의 비율 각각 구하기
❷ 어느 통에 만든 하늘색 페인트가 더 진한지 구하기

풀이 ....

....

....

답 ....

4 백분율의 활용

어느 옷 가게에서 16000원에 판매하던 티셔츠를 할인하여 12000원에 판매하였습니다. 티셔츠 가격의 할인율은 몇 %인지 풀이 과정을 쓰고 답을 구해 보세요.

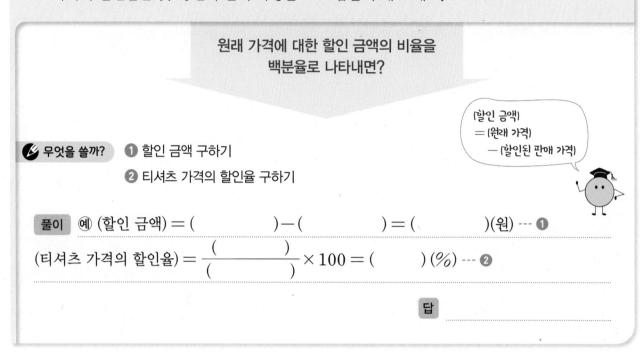

원래 가격에 대한 할인 금액의 비율을
백분율로 나타내면?

(할인 금액)
= (원래 가격)
  - (할인된 판매 가격)

✏️ 무엇을 쓸까? ❶ 할인 금액 구하기

❷ 티셔츠 가격의 할인율 구하기

풀이 ㉮ (할인 금액) = (   ) - (   ) = (   )(원) ⋯ ❶

(티셔츠 가격의 할인율) = $\dfrac{(\qquad)}{(\qquad)} \times 100 = (\qquad)$ (%) ⋯ ❷

답 _____

4-1

6학년 회장선거에서 예나는 전체 240명 중에서 84명의 표를 받았고, 현지의 득표율은 32 % 였습니다. 득표율이 더 높은 사람은 누구인지 풀이 과정을 쓰고 답을 구해 보세요.

✏️ 무엇을 쓸까? ❶ 예나의 득표율 구하기

❷ 득표율이 더 높은 사람 구하기

풀이 _____

_____

_____

답 _____

4-2

> 진아는 소금 36 g을 녹여 소금물 150 g을 만들었고, 하윤이는 소금 98 g을 녹여 소금물 350 g을 만들었습니다. 누가 만든 소금물이 더 진한지 풀이 과정을 쓰고 답을 구해 보세요.

무엇을 쓸까?
① 소금물의 양에 대한 소금의 양의 백분율 각각 구하기
② 누가 만든 소금물이 더 진한지 구하기

풀이

답

4-3

> 어느 과일 가게에서 지난주에는 6개에 4800원에 판매하던 참외를 이번 주에는 5개에 4400원에 판매하였습니다. 참외 가격의 인상률은 몇 %인지 풀이 과정을 쓰고 답을 구해 보세요.

무엇을 쓸까?
① 지난주와 이번 주의 참외 한 개의 가격 각각 구하기
② 인상 금액 구하기
③ 참외 가격의 인상률 구하기

풀이

답

수행 평가

1 사과와 귤 수를 비교하려고 합니다. ☐ 안에 알맞은 수를 써넣으세요.

(1) 사과는 귤보다 ☐ 개 더 많습니다.

(2) 사과 수는 귤 수의 ☐ 배입니다.

2 그림을 보고 ☐ 안에 알맞은 수를 써넣으세요.

🎩 수에 대한 🧢 수의 비 ➡ ☐ : ☐

🎩 수의 🧢 수에 대한 비 ➡ ☐ : ☐

3 비를 <u>잘못</u> 읽은 것을 찾아 기호를 써 보세요.

3 : 7

㉠ 3 대 7 ㉡ 3의 7에 대한 비
㉢ 3에 대한 7의 비 ㉣ 3과 7의 비

( )

4 관계있는 것끼리 이어 보세요.

6 : 8 •   • $\frac{4}{5}$

15와 25의 비 •   • $\frac{3}{4}$

15에 대한 12의 비 •   • $\frac{3}{5}$

5 전체에 대한 색칠한 부분의 비율을 백분율로 나타내어 보세요.

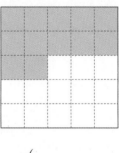

( )

6 비교하는 양이 기준량보다 큰 것을 모두 찾아 ○표 하세요.

| $\frac{13}{11}$ | 100 % | 1.12 |
| 0.75 | $\frac{17}{20}$ | 150 % |

7 비율이 큰 것부터 차례로 기호를 써 보세요.

㉠ 0.73 ㉡ $\frac{13}{25}$ ㉢ $\frac{7}{5}$ ㉣ 81 %

( )

8 두 마을의 넓이에 대한 인구의 비율을 각각 구하고, 인구가 더 밀집한 마을은 어느 마을인지 구해 보세요.

마을	가	나
인구(명)	7000	4800
넓이(km²)	20	16
넓이에 대한 인구의 비율		

( )

9 어느 슈퍼에서 3000원인 오렌지주스는 할인하여 2550원에 팔고, 3500원인 포도주스는 할인하여 3010원에 팔고 있습니다. 오렌지주스와 포도주스 중에서 할인율이 더 높은 주스는 어느 것일까요?

( )

서술형 문제

10 주하네 학교 6학년은 남학생이 66명이고 여학생이 54명입니다. 전체 학생 수에 대한 남학생 수의 비율은 몇 %인지 풀이 과정을 쓰고 답을 구해 보세요.

풀이 ....

....

....

답 ....

4

1

진도책 115쪽
5번 문제

마을별 인구를 조사하여 나타낸 표입니다. 표의 어림값을 보고 그림그래프로 나타내어 보세요.

마을별 인구

마을	인구(명)	어림값(명)
햇빛	3151	3200
하늘	5212	5200
구름	3625	3600
달빛	4251	4300

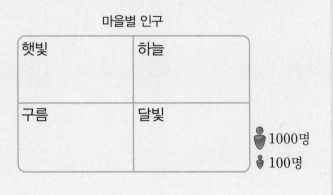

마을별 인구

햇빛	하늘
구름	달빛

👤 1000명
👤 100명

🎓 어떻게 풀었니?

표를 보고 그림그래프로 나타내어 보자!

그림그래프에서 👤은 1000명, 👤은 100명을 나타내니까

천의 자리 숫자만큼 👤을 그리고, 백의 자리 숫자만큼 👤을 그리면 돼.

햇빛 마을은 3200명이니까 👤 ☐개와 👤 ☐개,

하늘 마을은 5200명이니까 👤 ☐개와 👤 ☐개,

구름 마을은 3600명이니까 👤 ☐개와 👤 ☐개,

달빛 마을은 4300명이니까 👤 ☐개와 👤 ☐개를

그리면 되지.

아~ 마을별 인구수를 그림그래프로 나타내면 오른쪽과 같구나!

마을별 인구

햇빛	하늘
구름	달빛

👤 1000명
👤 100명

2

초등학교별 학생 수를 조사하여 나타낸 표입니다. 표의 어림값에 초등학교별 학생 수를 반올림하여 백의 자리까지 나타내고, 어림값을 보고 초등학교별 학생 수를 그림그래프로 나타내어 보세요.

초등학교별 학생 수

초등학교	학생 수(명)	어림값(명)
사랑	1262	
행복	1104	
자연	854	

초등학교별 학생 수

초등학교	학생 수
사랑	
행복	
자연	

👤 1000명
👤 100명

3

진도책 119쪽
15번 문제

하린이네 집에서 한 달 동안 쓴 생활비의 쓰임새별 금액의 백분율을 나타낸 표입니다. 저금이 교육비의 2배일 때 표를 완성하고 띠그래프로 나타내어 보세요.

생활비의 쓰임새별 금액

쓰임새	식비	공과금	저금	교육비	기타	합계
백분율(%)	35			10	10	

생활비의 쓰임새별 금액

```
0   10   20   30   40   50   60   70   80   90  100 (%)
```

👨‍🎓 어떻게 풀었니?

표를 보고 띠그래프로 나타내어 보자!

저금이 교육비의 2배이고, 교육비의 백분율은 10 %이니까

저금의 백분율은 $10 \times \boxed{} = \boxed{}$ (%)야.

또, 백분율의 합계는 100 %이니까 공과금의 백분율은

$100 - (35 + \boxed{} + 10 + 10) = \boxed{}$ (%)지.

표의 빈칸에는 $\boxed{}$, $\boxed{}$, $\boxed{}$ 을/를 차례로 써넣으면 돼.

이제, 띠그래프에 각 항목이 차지하는 백분율의 크기만큼 선을 그어 띠를 나눈 다음, 나눈 부분에 각 항목의 내용과 백분율을 쓰면 돼.

아~ 생활비의 쓰임새별 금액을 띠그래프로 나타내면 오른쪽과 같구나!

생활비의 쓰임새별 금액

```
0   10   20   30   40   50   60   70   80   90  100 (%)
```

4

어느 과일 가게에서 일주일 동안 판매한 과일 수의 백분율을 나타낸 표입니다. 귤이 망고의 2배일 때 표를 완성하고 띠그래프로 나타내어 보세요.

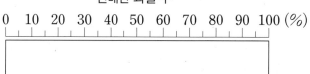

판매한 과일 수

과일	사과	귤	복숭아	망고	합계
백분율(%)	30			15	

판매한 과일 수

```
0   10   20   30   40   50   60   70   80   90  100 (%)
```

5

진도책 127쪽
9번 문제

민수네 반 학생들이 명절에 하고 싶은 민속놀이를 조사하여 나타낸 표입니다. 전체 학생 수에 대한 윷놀이와 투호를 하고 싶은 학생 수의 백분율이 같습니다. 표의 빈칸에 알맞은 수를 써넣고 원그래프를 완성해 보세요.

하고 싶은 민속놀이별 학생 수

민속놀이	제기차기	윷놀이	연날리기	투호	합계
백분율(%)	20		30		

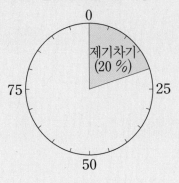

하고 싶은 민속놀이별 학생 수

🎓 어떻게 풀었니?

표를 보고 원그래프로 나타내어 보자!

백분율의 합계는 100 %이니까 윷놀이와 투호의 백분율의 합은

$100 - \left(\boxed{} + \boxed{} \right) = \boxed{}$ (%)야.

윷놀이와 투호의 백분율이 같으니까 백분율은 각각 $\boxed{}$ %지.

표의 빈칸에는 $\boxed{}$, $\boxed{}$, $\boxed{}$ 을/를 차례로 써넣으면 돼.

이제, 원그래프에 각 항목이 차지하는 백분율의 크기만큼 선을 그어 원을 나눈 다음, 나눈 부분에 각 항목의 내용과 백분율을 쓰면 돼.

아~ 원그래프를 완성하면 오른쪽과 같구나!

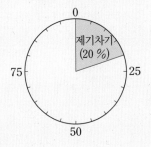

하고 싶은 민속놀이별 학생 수

6

연우네 반 학생들이 배우고 싶은 악기를 조사하여 나타낸 표입니다. 기타와 플루트를 배우고 싶은 학생 수의 백분율이 같습니다. 표의 빈칸에 알맞은 수를 써넣고 원그래프로 나타내어 보세요.

배우고 싶은 악기별 학생 수

악기	피아노	바이올린	기타	플루트	합계
백분율(%)	35	25			

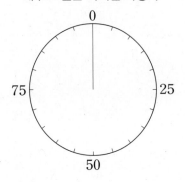

배우고 싶은 악기별 학생 수

3-2

승연이네 반 학급문고를 조사하여 나타낸 띠그래프입니다. 과학책이 33권일 때 동화책은 몇 권인지 풀이 과정을 쓰고 답을 구해 보세요.

학급문고에 있는 종류별 책 수

동화책	위인전 (16 %)	과학책 (22 %)	역사책 (10 %)	

기타 (8 %)

무엇을 쓸까? ❶ 동화책의 비율은 과학책의 비율의 몇 배인지 구하기

❷ 동화책 수 구하기

풀이

답

3-3

현준이네 학교 학생 400명이 좋아하는 과일을 조사하여 나타낸 원그래프입니다. 망고와 포도를 좋아하는 학생 수가 같을 때 망고를 좋아하는 학생은 몇 명인지 풀이 과정을 쓰고 답을 구해 보세요.

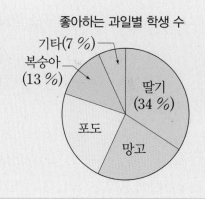

좋아하는 과일별 학생 수

기타(7 %)
복숭아 (13 %)
딸기 (34 %)
포도
망고

무엇을 쓸까? ❶ 망고의 비율 구하기

❷ 망고를 좋아하는 학생 수 구하기

풀이

답

4 2개의 비율그래프 해석하기

수호네 학교 학생 600명이 좋아하는 운동과 축구를 좋아하는 학생의 남녀 비율을 조사하여 나타낸 띠그래프입니다. 축구를 좋아하는 여학생은 몇 명인지 풀이 과정을 쓰고 답을 구해 보세요.

좋아하는 운동별 학생 수

축구 (30 %)	야구 (25 %)	농구 (20 %)	배구 (15 %)	

기타
(10 %)

축구를 좋아하는 남녀 비율

남자 (55 %)	여자 (45 %)

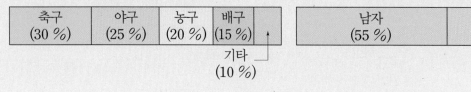

축구를 좋아하는 학생의 45 %는?

(항목의 수량)
= (전체 수량) × (비율)

🖊 무엇을 쓸까?
❶ 축구를 좋아하는 학생 수 구하기
❷ 축구를 좋아하는 여학생 수 구하기

풀이 ⑩ 축구를 좋아하는 학생은 $600 \times \dfrac{(\qquad)}{100} = ($)(명)입니다. ┈ ❶

따라서 축구를 좋아하는 여학생은 (   ) $\times \dfrac{(\qquad)}{100} = ($)(명)입니다. ┈ ❷

답

4-1

위 **4**의 띠그래프에서 농구를 좋아하는 학생의 남녀 비율이 오른쪽과 같을 때, 농구를 좋아하는 남학생은 몇 명인지 풀이 과정을 쓰고 답을 구해 보세요.

농구를 좋아하는 남녀 비율

남자 (40 %)	여자 (60 %)

🖊 무엇을 쓸까?
❶ 농구를 좋아하는 학생 수 구하기
❷ 농구를 좋아하는 남학생 수 구하기

풀이

답

4-2

어느 지역의 토지 이용률과 농경지 이용률을 조사하여 나타낸 원그래프입니다. 이 지역의 토지의 넓이가 $2000\ \text{km}^2$일 때, 논의 넓이는 몇 km^2인지 풀이 과정을 쓰고 답을 구해 보세요.

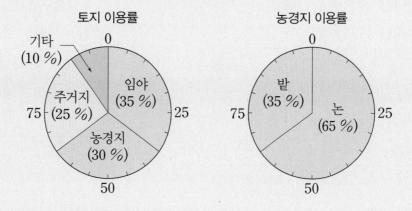

🖊 **무엇을 쓸까?** ❶ 농경지의 넓이 구하기

❷ 논의 넓이 구하기

풀이 _____

_____

답 _____

4-3

현우네 가족의 한 달 생활비의 쓰임새와 교육비의 비율을 조사하여 나타낸 띠그래프입니다. 한 달 생활비가 200만 원일 때, 영어 학원비로 지출한 금액은 얼마인지 풀이 과정을 쓰고 답을 구해 보세요.

생활비의 쓰임새별 금액

식품비 (35 %)	교육비 (30 %)	문화비 (15 %)	저축 (15 %)

기타
(5 %)

교육비 비율

수학 학원 (35 %)	영어 학원	예체능 (20 %)

🖊 **무엇을 쓸까?** ❶ 교육비로 지출한 금액 구하기

❷ 영어 학원비로 지출한 금액 구하기

풀이 _____

_____

답 _____

5

수행 평가

[1~2] 농장별 고구마 수확량을 조사하여 나타낸 표와 그림그래프입니다. 물음에 답하세요.

농장별 고구마 수확량

농장	가	나	다	라	합계
수확량 (상자)		320	150	210	920

농장별 고구마 수확량

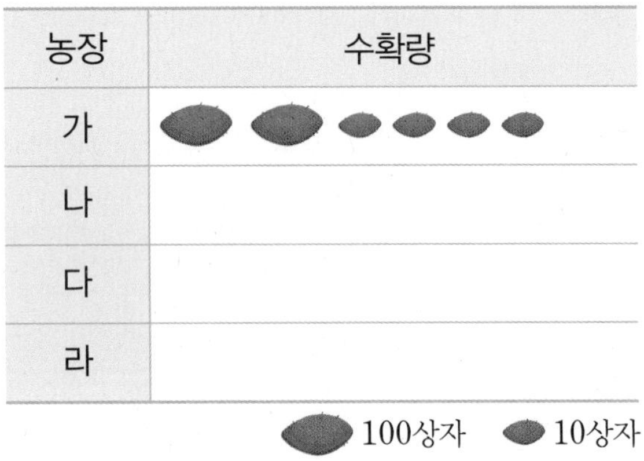

농장	수확량
가	
나	
다	
라	

🥔 100상자   ● 10상자

1 가 농장의 고구마 수확량은 몇 상자일까요?

(   )

2 위의 그림그래프를 완성해 보세요.

3 성빈이네 학교 학생들이 체험학습으로 가고 싶은 장소를 조사하여 나타낸 띠그래프입니다. 놀이공원 또는 박물관을 가고 싶어 하는 학생은 전체의 몇 %인지 구해 보세요.

가고 싶은 장소별 학생 수

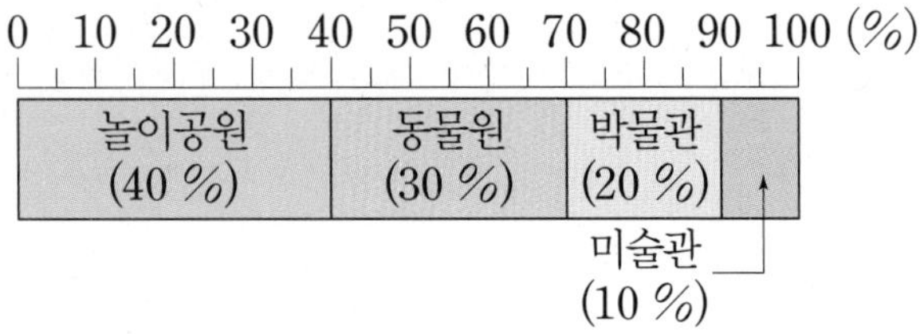

0 10 20 30 40 50 60 70 80 90 100 (%)

| 놀이공원 (40 %) | 동물원 (30 %) | 박물관 (20 %) | |

미술관 (10 %)

(   )

[4~5] 서윤이네 학교 학생들이 좋아하는 산을 조사하여 나타낸 표입니다. 물음에 답하세요.

좋아하는 산별 학생 수

산	한라산	설악산	지리산	북한산	합계
학생 수 (명)	56	40	32	32	160
백분율 (%)					

4 표를 완성해 보세요.

5 표를 보고 띠그래프로 나타내어 보세요.

좋아하는 산별 학생 수

0 10 20 30 40 50 60 70 80 90 100 (%)

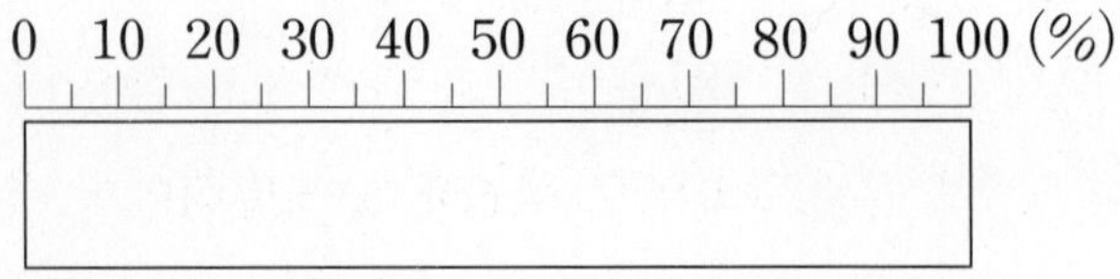

6 은우네 학교 6학년 학생들이 좋아하는 꽃을 조사하여 나타낸 표입니다. 표를 완성하고 원그래프로 나타내어 보세요.

좋아하는 꽃별 학생 수

꽃	장미	튤립	백합	국화	합계
학생 수 (명)	63		36		180
백분율 (%)			15		

좋아하는 꽃별 학생 수

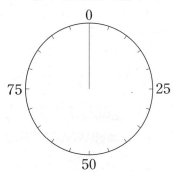

[7~8] 태오네 학교 학생들이 여행 가고 싶은 나라를 조사하여 나타낸 띠그래프입니다. 물음에 답하세요.

여행 가고 싶은 나라별 학생 수

0　10　20　30　40　50　60　70　80　90　100 (%)

| 미국 (32 %) | 이탈리아 (24 %) | 터키 (20 %) | 호주 (14 %) | |

기타 (10 %)

7 터키에 여행 가고 싶은 학생이 80명이라면 태오네 학교 학생은 모두 몇 명일까요?

(　　　　　　　)

8 여행 가고 싶은 나라가 호주라고 답한 학생 중 반이 이탈리아로 바꾼다면 이탈리아에 여행 가고 싶은 학생은 전체의 몇 %가 될까요?

(　　　　　　　)

9 어느 과수원에서 작년에 생산한 과일을 조사하여 나타낸 원그래프입니다. 복숭아 생산량이 104상자일 때 사과 생산량은 몇 상자일까요?

과일별 생산량

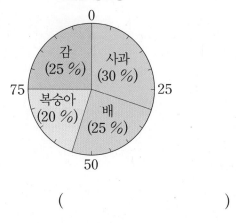

(　　　　　　　)

서술형 문제

10 희주네 학교 학생들의 장래 희망을 조사하여 나타낸 띠그래프입니다. 전체 학생 수가 500명일 때 선생님이 되고 싶은 학생은 몇 명인지 풀이 과정을 쓰고 답을 구해 보세요.

장래 희망별 학생 수

| 선생님 | 연예인 (28 %) | 운동선수 (19 %) | 의사 (20 %) | |

기타 (7 %)

풀이

답

5

➕ **개념 적용**

1

진도책 146쪽
3번 문제

상자 가와 나에 모양과 크기가 같은 직육면체 모양의 지우개를 담아 부피를 비교하려고 합니다.
부피가 더 큰 상자의 기호를 써 보세요.

가 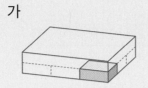 나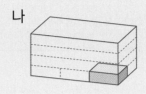

🎓 **어떻게 풀었니?**

두 상자의 부피를 비교해 보자!

부피란 어떤 물건이 공간에서 차지하는 크기를 말하지?

즉, 부피가 더 큰 상자에는 같은 물건을 더 많이 담을 수 있어.

가와 나 두 개의 상자 중 모양과 크기가 같은 지우개를 더 많이 담을 수 있는 것을 찾아봐.

상자 가에는 지우개를 1층에 3개씩 ☐ 줄로 ☐ 개 담을 수 있고, 높이는 2층으로 쌓을 수

있으니까 모두 ☐ × 2 = ☐ (개)를 담을 수 있어.

상자 나에는 지우개를 1층에 3개씩 ☐ 줄로 ☐ 개 담을 수 있고, 높이는 4층으로 쌓을 수

있으니까 모두 ☐ × 4 = ☐ (개)를 담을 수 있지.

담을 수 있는 지우개의 수를 비교하면 ☐ < ☐ (이)야.

아~ 부피가 더 큰 상자는 ☐ 구나!

2

상자 가, 나, 다에 모양과 크기가 같은 직육면체 모양의 블록을 담아 부피를 비교하려고 합니다. 부피
가 가장 큰 상자를 찾아 기호를 써 보세요.

가 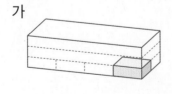 나 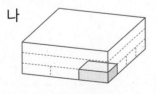 다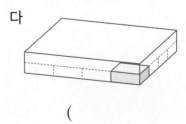

(   )

3

진도책 148쪽
9번 문제

두 직육면체 중에서 부피가 더 큰 것의 기호를 써 보세요.

> 가: 가로 4 cm, 세로 10 cm, 높이 13 cm인 직육면체
>
> 나: 가로 8 cm, 세로 5 cm, 높이 6 cm인 직육면체

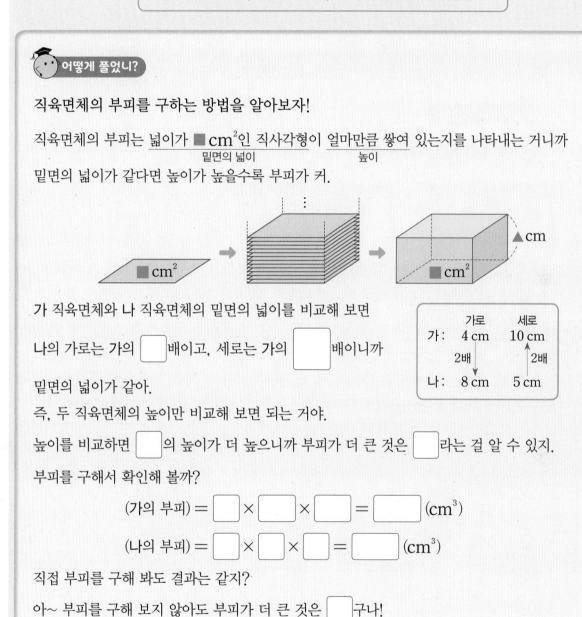

어떻게 풀었니?

직육면체의 부피를 구하는 방법을 알아보자!

직육면체의 부피는 넓이가 ■ cm²인 직사각형이 얼마만큼 쌓여 있는지를 나타내는 거니까
　　　　　　　　　밑면의 넓이　　　　　　　　　　　　　높이
밑면의 넓이가 같다면 높이가 높을수록 부피가 커.

가 직육면체와 나 직육면체의 밑면의 넓이를 비교해 보면

나의 가로는 가의 ☐ 배이고, 세로는 가의 ☐ 배이니까

밑면의 넓이가 같아.

즉, 두 직육면체의 높이만 비교해 보면 되는 거야.

높이를 비교하면 ☐ 의 높이가 더 높으니까 부피가 더 큰 것은 ☐ 라는 걸 알 수 있지.

부피를 구해서 확인해 볼까?

(가의 부피) = ☐ × ☐ × ☐ = ☐ (cm³)

(나의 부피) = ☐ × ☐ × ☐ = ☐ (cm³)

직접 부피를 구해 봐도 결과는 같지?

아~ 부피를 구해 보지 않아도 부피가 더 큰 것은 ☐ 구나!

	가로	세로
가:	4 cm	10 cm
	↓ 2배	↓ 2배
나:	8 cm	5 cm

4

두 직육면체 중에서 부피가 더 큰 것의 기호를 써 보세요.

> 가: 가로 6 cm, 세로 8 cm, 높이 15 cm인 직육면체
>
> 나: 가로 4 cm, 세로 12 cm, 높이 16 cm인 직육면체

(　　　　　　　　)

5

진도책 150쪽
15번 문제

전개도를 접어 직육면체 모양의 상자를 만들었을 때 상자의 부피는 몇 m^3인지 구해 보세요.

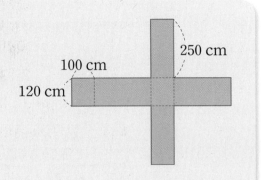

😊 **어떻게 풀었니?**

전개도가 주어진 직육면체의 부피를 구해 보자!

전개도를 접어서 만들어지는 상자는 오른쪽과 같아.

부피의 단위는 cm^3와 m^3가 있으니까 어떤 단위로 나타내어야 하는지

꼭 확인해야 해.

주어진 모서리의 길이는 cm 단위인데 구하려는 부피의 단위는 m^3네.

두 단위의 기준이 cm와 m로 다르면 다음과 같이 두 가지 방법으로 구할 수 있어.

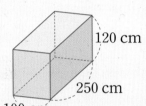

방법 1 모서리의 길이를 m로 나타낸
다음 부피 구하기

• 가로, 세로, 높이가 각각 1 m,
2.5 m, 1.2 m인 직육면체의 부피

➡ ☐ × ☐ × ☐ = ☐ (m^3)

방법 2 부피를 cm^3 단위로 구한 다음
m^3 단위로 바꿔서 나타내기

• 가로, 세로, 높이가 각각 100 cm, 250 cm,
120 cm인 직육면체의 부피

➡ ☐ × ☐ × ☐

= ☐ (cm^3)

• 단위를 m^3로 바꾸기

➡ ☐ cm^3 = ☐ m^3

아~ 전개도로 만든 상자의 부피는 ☐ m^3구나!

6

전개도를 접어 직육면체 모양의 상자를 만들었을 때 상자의 부피는 몇 m^3인지 구해 보세요.

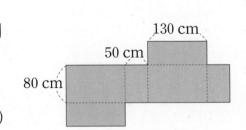

(   )

7

진도책 153쪽
23번 문제

정육면체의 겉넓이가 384 cm²일 때 ☐ 안에 알맞은 수를 써넣으세요.

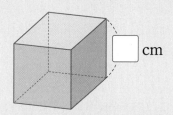

☐ cm

어떻게 풀었니?

겉넓이가 주어진 정육면체의 한 모서리의 길이를 구해 보자!

정육면체의 겉넓이는 정육면체를 이루는 6개의 면의 넓이의 합이야.

정육면체는 6개의 면이 모두 합동이니까 한 면의 넓이에 6배를 해서 구할 수 있지.

(정육면체의 겉넓이) = (한 면의 넓이) × ☐

➡ (한 면의 넓이) = (정육면체의 겉넓이) ÷ ☐

겉넓이가 384 cm²라고 했으니까 (한 면의 넓이) = ☐ ÷ ☐ = ☐ (cm²)이고,

한 모서리의 길이를 ☐cm라고 하면 ☐ × ☐ = ☐ 에서 ☐ = ☐ (이)지.

아~ ☐ 안에 알맞은 수는 ☐ (이)구나!

8 겉넓이가 96 cm²인 정육면체의 한 모서리의 길이는 몇 cm일까요?

(   )

9 직육면체의 겉넓이가 174 cm²일 때 ☐ 안에 알맞은 수를 써넣으세요.

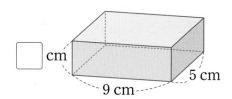

☐ cm

5 cm

9 cm

6 직육면체의 부피와 겉넓이

▤ 쓰기 쉬운 서술형

1 **만들 수 있는 가장 큰 정육면체의 겉넓이 구하기**

오른쪽과 같은 직육면체를 잘라서 정육면체를 만들려고 합니다. 만들 수 있는 가장 큰 정육면체의 겉넓이는 몇 cm²인지 풀이 과정을 쓰고 답을 구해 보세요.

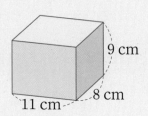

> 한 모서리의 길이가 8 cm인
> 정육면체의 겉넓이는?

> 직육면체를 어떻게 잘라야 할까?

🖊 무엇을 쓸까? ❶ 가장 큰 정육면체의 한 모서리의 길이 구하기
❷ 가장 큰 정육면체의 겉넓이 구하기

풀이 ㉮ 만들 수 있는 가장 큰 정육면체의 한 모서리의 길이는 (　　　) cm입니다. ┄ ❶

따라서 만들 수 있는 가장 큰 정육면체의 겉넓이는

(　　　)×(　　　)×6＝(　　　　　)(cm²)입니다. ┄ ❷

답 _____

1-1

오른쪽과 같은 직육면체를 잘라서 정육면체를 만들려고 합니다. 만들 수 있는 가장 큰 정육면체의 겉넓이는 몇 cm²인지 풀이 과정을 쓰고 답을 구해 보세요.

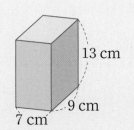

🖊 무엇을 쓸까? ❶ 가장 큰 정육면체의 한 모서리의 길이 구하기
❷ 가장 큰 정육면체의 겉넓이 구하기

풀이 _____

답 _____

한걸음 한걸음 디딤돌을 걷다 보면
수학이 완성됩니다.

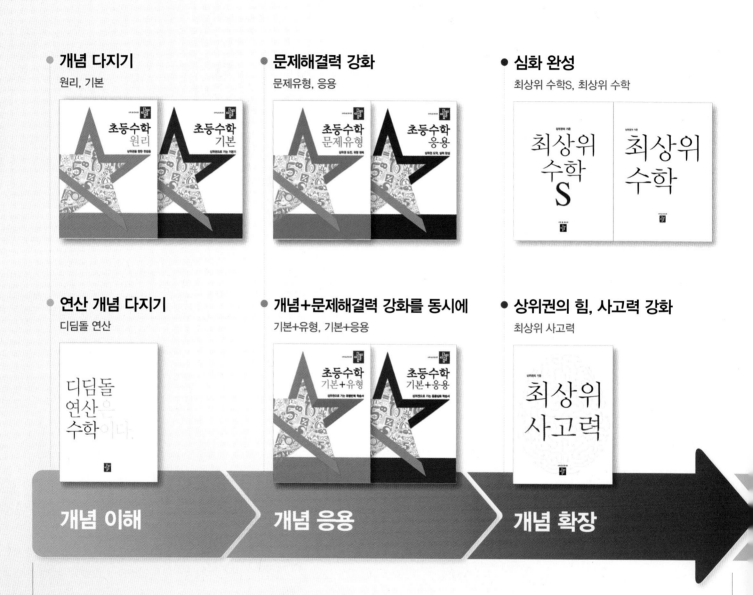

개념 다지기
원리, 기본

문제해결력 강화
문제유형, 응용

심화 완성
최상위 수학S, 최상위 수학

연산 개념 다지기
디딤돌 연산

개념+문제해결력 강화를 동시에
기본+유형, 기본+응용

상위권의 힘, 사고력 강화
최상위 사고력

개념 이해

개념 응용

개념 확장

학습 능력과 목표에 따라
맞춤형이 가능한 디딤돌 초등 수학

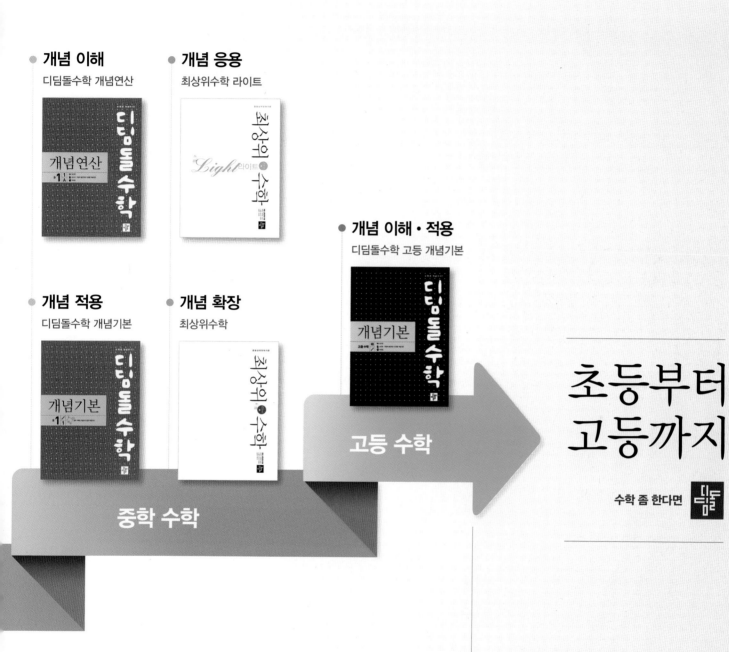

● 개념 이해
디딤돌수학 개념연산

● 개념 응용
최상위수학 라이트

● 개념 이해 · 적용
디딤돌수학 고등 개념기본

● 개념 적용
디딤돌수학 개념기본

● 개념 확장
최상위수학

고등 수학

중학 수학

초등부터
고등까지

수학 좀 한다면

개념을 이해하고, 깨우치고, 꺼내 쓰는
올바른 중고등 개념 학습서

수능까지 연결되는 독해 로드맵

디딤돌 독해력은 수능까지 연결되는 체계적인 라인업을 통하여

수능에서 요구하는 핵심 독해 원리에 대한 이해는 물론,

단계 별로 심화되며 연결되는 학습의 과정을 통해

깊이 있고 종합적인 독해 사고의 능력까지 기를 수 있도록 도와줍니다.

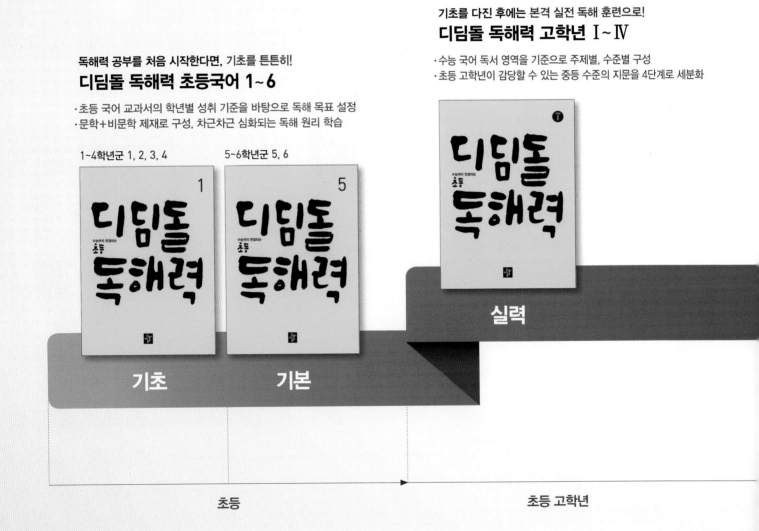

기초를 다진 후에는 본격 실전 독해 훈련으로!
디딤돌 독해력 고학년 Ⅰ~Ⅳ

· 수능 국어 독서 영역을 기준으로 주제별, 수준별 구성
· 초등 고학년이 감당할 수 있는 중등 수준의 지문을 4단계로 세분화

독해력 공부를 처음 시작한다면, 기초를 튼튼히!
디딤돌 독해력 초등국어 1~6

· 초등 국어 교과서의 학년별 성취 기준을 바탕으로 독해 목표 설정
· 문학+비문학 제재로 구성, 차근차근 심화되는 독해 원리 학습

1~4학년군 1, 2, 3, 4   5~6학년군 5, 6

실력

기초   기본

초등   초등 고학년

기본 정답과 풀이

6
1

수학 좀 한다면

디딤돌

1 분수의 나눗셈

이미 학습한 분수 개념과 자연수의 나눗셈, 분수의 곱셈 등을 바탕으로 이 단원에서는 분수의 나눗셈을 배웁니다. 일상 생활에서 분수의 나눗셈이 필요한 경우가 흔하지 않지만, 분수의 나눗셈은 초등학교에서 학습하는 소수의 나눗셈과 중학교에서 학습하는 유리수, 유리수의 계산, 문자와 식 등을 학습하는 데 토대가 되는 매우 중요한 내용입니다. 이 단원에서 (분수)÷(자연수)를 다음과 같이 세 가지로 생각할 수 있습니다. 첫째, 분수의 분자가 나누는 수인 자연수의 배수가 되는 경우, 둘째, 분수의 분자가 나누는 수인 자연수의 배수가 되지 않는 경우, 셋째, (분수)÷(자연수)를 (분수)× $\frac{1}{(자연수)}$ 로 나타내는 경우입니다. 이 단원을 바탕으로 소수의 나눗셈, (분수)÷(분수)를 배우게 됩니다.

교과서 개념 이해 1 (자연수)÷(자연수)의 몫을 분수로 나타낼 수 있어. 8쪽

1 (1) 예 $\frac{1}{5}$ / 예 $\frac{2}{5}$

(2) $\frac{1}{5}$, 2, $\frac{2}{5}$

2 7, $\frac{2}{7}$

2 색칠한 부분은 직사각형 2개를 각각 똑같이 7로 나눈 것 중의 1씩이므로 2÷7입니다.

➡ $2÷7=\frac{2}{7}$

교과서 개념 이해 2 ▲÷●의 몫인 $\frac{▲}{●}$ 가 가분수라면? 9쪽

1 8, $3\frac{5}{8}$

2 (1) 3, $\frac{5}{3}$, $1\frac{2}{3}$ (2) 4, $\frac{5}{4}$, $1\frac{1}{4}$

---

2 (1) 색칠한 부분은 원 5개를 각각 똑같이 3으로 나눈 것 중의 1씩이므로 5÷3입니다.

➡ $5÷3=\frac{5}{3}=1\frac{2}{3}$

(2) 색칠한 부분은 정사각형 5개를 각각 똑같이 4로 나눈 것 중의 1씩이므로 5÷4입니다.

➡ $5÷4=\frac{5}{4}=1\frac{1}{4}$

교과서 개념 이해 3 $\frac{▲}{■}$÷(자연수)에서 ▲가 자연수의 배수이면? 10쪽

1 2, 2

2 6, 6, $\frac{3}{8}$

1 $\frac{4}{6}$ 를 똑같이 2로 나누면 $\frac{2}{6}$ 입니다.

교과서 개념 이해 4 ÷●는 똑같이 ●로 나눈 것 중의 1이니까 곱셈으로 나타내어 계산할 수 있어. 11~12쪽

1 (1) $\frac{1}{2}$, $\frac{5}{12}$ (2) $\frac{1}{3}$, $\frac{2}{15}$

2 ㉢

3 (1) 2, $\frac{3}{16}$ (2) 3, $\frac{5}{21}$

4 (1) $\frac{14}{15}÷7=\frac{\overset{2}{14}}{15}×\frac{1}{\underset{1}{7}}=\frac{2}{15}$

(2) $\frac{8}{9}÷6=\frac{\overset{4}{8}}{9}×\frac{1}{\underset{3}{6}}=\frac{4}{27}$

5 ㉠, ㉢

6 (1) $\frac{8}{39}$ / $\frac{8}{39}$, $\frac{8}{13}$ (2) $\frac{7}{60}$ / $\frac{7}{60}$, $\frac{7}{10}$

1 $\frac{▲}{■}÷●=\frac{▲}{■}×\frac{1}{●}$

2 (분수)÷(자연수)의 계산은 ÷(자연수)를 × $\frac{1}{(자연수)}$ 로 로 바꾸어 계산합니다.

3 (1) $\frac{3}{8}÷2=\frac{3}{8}×\frac{1}{2}=\frac{3}{16}$

(2) $\frac{5}{7}÷3=\frac{5}{7}×\frac{1}{3}=\frac{5}{21}$

5 ㉠ $\frac{5}{8} \div 4 = \frac{5}{8} \times \frac{1}{4} = \frac{5}{32}$

㉡ $\frac{5}{9} \div 6 = \frac{5}{9} \times \frac{1}{6} = \frac{5}{54}$

㉢ $\frac{5}{16} \div 2 = \frac{5}{16} \times \frac{1}{2} = \frac{5}{32}$

따라서 계산 결과가 같은 두 식은 ㉠, ㉢입니다.

교과서 개념 이해 5 대분수를 가분수로 바꾼 다음 곱셈으로 나타내 봐.   13쪽

1 12, 12, 4 / 12, 12, 3, 12, 4

2 (1) $3\frac{5}{9} \div 8 = \frac{32}{9} \div 8 = \frac{32 \div 8}{9} = \frac{4}{9}$

  (2) $3\frac{2}{3} \div 10 = \frac{11}{3} \div 10 = \frac{11}{3} \times \frac{1}{10} = \frac{11}{30}$

1 (대분수)÷(자연수)의 계산은 대분수를 가분수로 바꾸어 계산합니다.

개념 적용 1 (자연수)÷(자연수)   14~15쪽

1 (1) $\frac{1}{9}$ / $\frac{2}{9}$ / $\frac{1}{3}$ (2) $\frac{4}{5}$ / $\frac{2}{3}$ / $\frac{4}{7}$ ⊕ 4, 7, $\frac{4}{7}$

2 (1) $1\frac{1}{6}$ / $1\frac{2}{5}$ / $1\frac{3}{4}$ (2) $1\frac{1}{7}$ / $1\frac{2}{7}$ / $1\frac{3}{7}$

3 (1) 14 (2) 7   **4** (1) $2\frac{1}{8}$ (2) 5 / $3\frac{5}{6}$

5 $\frac{3}{8}$ kg   **6** (1) > (2) <

7 ㉾ 파란색, $\frac{1}{9}$ L

🎓 작습니다에 ○표 / 큽니다에 ○표

1 (자연수)÷(자연수)의 몫을 분수로 나타낼 때에는
▲÷● = $\frac{▲}{●}$ 의 형태로 일반화합니다.

  (1) $3 \div 9 = \frac{3}{9} = \frac{1}{3}$

  (2) $4 \div 6 = \frac{4}{6} = \frac{2}{3}$

2 (1) $7 \div 6 = \frac{7}{6} = 1\frac{1}{6}$

$7 \div 5 = \frac{7}{5} = 1\frac{2}{5}$

$7 \div 4 = \frac{7}{4} = 1\frac{3}{4}$

  (2) $8 \div 7 = \frac{8}{7} = 1\frac{1}{7}$

$9 \div 7 = \frac{9}{7} = 1\frac{2}{7}$

$10 \div 7 = \frac{10}{7} = 1\frac{3}{7}$

3 (1) $1 \div \square = \frac{1}{\square} = \frac{1}{14}$ 이므로 $\square = 14$입니다.

  (2) $\square \div 9 = \frac{\square}{9} = \frac{7}{9}$ 이므로 $\square = 7$입니다.

5 쇠구슬 8개의 무게가 3 kg이므로 쇠구슬 한 개의 무게는 $3 \div 8 = \frac{3}{8}$ (kg)입니다.

6 (1) 나누어지는 수가 같으므로 나누는 수의 크기를 비교해 봅니다.
13 < 15이므로 $2 \div 13 > 2 \div 15$입니다.

  (2) 나누어지는 수가 같으므로 나누는 수의 크기를 비교해 봅니다.
21 > 17이므로 $8 \div 21 < 8 \div 17$입니다.

☺ 내가 만드는 문제

7 ㉾ 주스 1 L를 파란색 컵 9개에 똑같이 나누어 담으면 한 개의 컵에 주스가 $1 \div 9 = \frac{1}{9}$ (L)씩 담깁니다.

개념 적용 2 (분수)÷(자연수)   16~17쪽

8 ㉾ 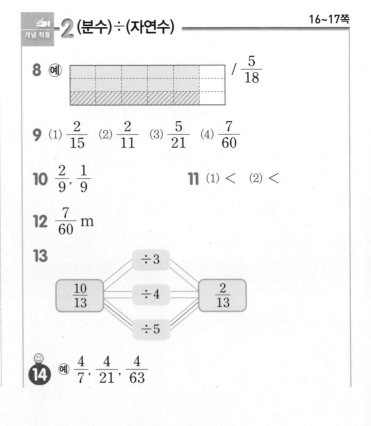 / $\frac{5}{18}$

9 (1) $\frac{2}{15}$ (2) $\frac{2}{11}$ (3) $\frac{5}{21}$ (4) $\frac{7}{60}$

10 $\frac{2}{9}$, $\frac{1}{9}$ **11** (1) < (2) <

12 $\frac{7}{60}$ m

13

| $\frac{10}{13}$ | ÷3 ÷4 ÷5 | $\frac{2}{13}$ |

☺ **14** ㉾ $\frac{4}{7}$, $\frac{4}{21}$, $\frac{4}{63}$

8 $\frac{5}{6}$를 똑같이 3으로 나누면 $\frac{5}{18}$입니다.

9 (1) $\frac{8}{15} \div 4 = \frac{8 \div 4}{15} = \frac{2}{15}$

(2) $\frac{6}{11} \div 3 = \frac{6 \div 3}{11} = \frac{2}{11}$

(3) $\frac{5}{7} \div 3 = \frac{15}{21} \div 3 = \frac{15 \div 3}{21} = \frac{5}{21}$

(4) $\frac{7}{12} \div 5 = \frac{35}{60} \div 5 = \frac{35 \div 5}{60} = \frac{7}{60}$

10 $\frac{8}{9} \div 4 = \frac{8 \div 4}{9} = \frac{2}{9}$

$\frac{8}{9} \div 8 = \frac{8 \div 8}{9} = \frac{1}{9}$

11 (1) 나누는 수가 같으므로 나누어지는 수의 크기를 비교해 봅니다.

$\frac{8}{15} < \frac{13}{15}$이므로 $\frac{8}{15} \div 6 < \frac{13}{15} \div 6$입니다.

(2) 나누어지는 수가 같으므로 나누는 수의 크기를 비교해 봅니다.

$7 > 5$이므로 $\frac{7}{18} \div 7 < \frac{7}{18} \div 5$입니다.

12 마름모는 네 변의 길이가 모두 같습니다.

(마름모의 한 변의 길이)

$= $ (마름모의 둘레) $\div$ (변의 수)

$= \frac{7}{15} \div 4 = \frac{28}{60} \div 4 = \frac{28 \div 4}{60} = \frac{7}{60}$ (m)

13 $\frac{10}{13} \div 3 = \frac{30}{39} \div 3 = \frac{30 \div 3}{39} = \frac{10}{39}$

$\frac{10}{13} \div 4 = \frac{20}{26} \div 4 = \frac{20 \div 4}{26} = \frac{5}{26}$

$\frac{10}{13} \div 5 = \frac{10 \div 5}{13} = \frac{2}{13}$

내가 만드는 문제

14 예) $\frac{4}{7} \div 3 = \frac{12}{21} \div 3 = \frac{12 \div 3}{21} = \frac{4}{21}$,

$\frac{4}{21} \div 3 = \frac{12}{63} \div 3 = \frac{12 \div 3}{63} = \frac{4}{63}$

개념 적용-3 **(분수)÷(자연수)를 분수의 곱셈으로 나타내기** 18~19쪽

15

---

16 (1) $\frac{7}{24}$ (2) $\frac{5}{52}$ ➕ 7, $\frac{28}{45}$

17 $\frac{9}{13} \div 6 = \frac{3}{26}$ **18** (   )(○)(   )

19 $\frac{7}{33}$ km   **20** $\frac{3}{20}$, $\frac{3}{80}$

21 예) $\frac{11}{12}$, 5, $\frac{11}{12}$, 5, $\frac{11}{60}$

15 $\frac{8}{11} \div 8 = \frac{8}{11} \times \frac{1}{8}$

$\frac{1}{4} \div 6 = \frac{1}{4} \times \frac{1}{6}$

16 (1) $\frac{7}{8} \div 3 = \frac{7}{8} \times \frac{1}{3} = \frac{7}{24}$

(2) $\frac{5}{13} \div 4 = \frac{5}{13} \times \frac{1}{4} = \frac{5}{52}$

17 $\frac{9}{13} \div 6 = \frac{\overset{3}{\cancel{9}}}{13} \times \frac{1}{\underset{2}{\cancel{6}}} = \frac{3}{26}$

18 $\frac{7}{15} \div 7 = \frac{\overset{1}{\cancel{7}}}{15} \times \frac{1}{\underset{1}{\cancel{7}}} = \frac{1}{15}$

$\frac{6}{13} \div 6 = \frac{\overset{1}{\cancel{6}}}{13} \times \frac{1}{\underset{1}{\cancel{6}}} = \frac{1}{13}$

$\frac{9}{14} \div 9 = \frac{\overset{1}{\cancel{9}}}{14} \times \frac{1}{\underset{1}{\cancel{9}}} = \frac{1}{14}$

➡ $\frac{1}{15} < \frac{1}{14} < \frac{1}{13}$

19 (준희가 1분 동안 간 거리)

$= \frac{7}{11} \div 3 = \frac{7}{11} \times \frac{1}{3} = \frac{7}{33}$ (km)

20 $\frac{6}{5} \div 2 = \frac{\overset{3}{\cancel{6}}}{5} \times \frac{1}{\underset{1}{\cancel{2}}} = \frac{3}{5}$, $\frac{3}{5} \div 2 = \frac{3}{5} \times \frac{1}{2} = \frac{3}{10}$

이므로 바로 앞의 수에 $\div 2$를 하는 규칙입니다.

따라서 $\frac{3}{10} \div 2 = \frac{3}{10} \times \frac{1}{2} = \frac{3}{20}$이고,

$\frac{3}{40} \div 2 = \frac{3}{40} \times \frac{1}{2} = \frac{3}{80}$입니다.

내가 만드는 문제

21 $\frac{7}{9} \div 5 = \frac{7}{9} \times \frac{1}{5} = \frac{7}{45}$, $\frac{5}{7} \div 5 = \frac{\overset{1}{\cancel{5}}}{7} \times \frac{1}{\underset{1}{\cancel{5}}} = \frac{1}{7}$

등 여러 가지 답이 나올 수 있습니다.

개념 적용 -4 (대분수)÷(자연수) — 20~21쪽

22 (1) $\dfrac{11}{40}$ / $\dfrac{19}{40}$ / $\dfrac{27}{40}$ (2) $\dfrac{38}{63}$ / $\dfrac{29}{63}$ / $\dfrac{20}{63}$

23 $1\dfrac{8}{9}\div4=\dfrac{17}{9}\div4=\dfrac{17}{9}\times\dfrac{1}{4}=\dfrac{17}{36}$

24 $3\dfrac{3}{4}\div2$에 ○표

25 (1) $\dfrac{8}{15}$ / $\dfrac{8}{15}$, 3 (2) $\dfrac{12}{25}$ / $\dfrac{12}{25}$, 5

26 $1\dfrac{3}{4}$ cm²　　　　**27** $1\dfrac{3}{20}$

28 ㉎ 라, $\dfrac{6}{7}$ kg

🐟 $2\dfrac{1}{3}$ / $2\dfrac{1}{3}$

---

22 (1) $1\dfrac{3}{8}\div5=\dfrac{11}{8}\div5=\dfrac{11}{8}\times\dfrac{1}{5}=\dfrac{11}{40}$

$2\dfrac{3}{8}\div5=\dfrac{19}{8}\div5=\dfrac{19}{8}\times\dfrac{1}{5}=\dfrac{19}{40}$

$3\dfrac{3}{8}\div5=\dfrac{27}{8}\div5=\dfrac{27}{8}\times\dfrac{1}{5}=\dfrac{27}{40}$

(2) $4\dfrac{2}{9}\div7=\dfrac{38}{9}\div7=\dfrac{38}{9}\times\dfrac{1}{7}=\dfrac{38}{63}$

$3\dfrac{2}{9}\div7=\dfrac{29}{9}\div7=\dfrac{29}{9}\times\dfrac{1}{7}=\dfrac{29}{63}$

$2\dfrac{2}{9}\div7=\dfrac{20}{9}\div7=\dfrac{20}{9}\times\dfrac{1}{7}=\dfrac{20}{63}$

23 대분수를 가분수로 바꾸지 않고 계산하여 잘못되었습니다. 대분수는 가분수로 바꾸어 계산해야 합니다.

24 $3\dfrac{3}{4}\div2=\dfrac{15}{4}\div2=\dfrac{15}{4}\times\dfrac{1}{2}=\dfrac{15}{8}=1\dfrac{7}{8}$

$3\dfrac{3}{4}\div5=\dfrac{15}{4}\div5=\dfrac{15\div5}{4}=\dfrac{3}{4}$

따라서 나눗셈의 몫이 1과 2 사이인 식은 $3\dfrac{3}{4}\div2$입니다.

25 (1) $1\dfrac{3}{5}\div3=\dfrac{8}{5}\div3=\dfrac{8}{5}\times\dfrac{1}{3}=\dfrac{8}{15}$

(2) $2\dfrac{2}{5}\div5=\dfrac{12}{5}\div5=\dfrac{12}{5}\times\dfrac{1}{5}=\dfrac{12}{25}$

26 (한 조각의 넓이)
= (색종이의 넓이)÷(조각 수)
$=12\dfrac{1}{4}\div7=\dfrac{49}{4}\div7=\dfrac{49\div7}{4}=\dfrac{7}{4}=1\dfrac{3}{4}$ (cm²)

---

27 $5\dfrac{3}{4}$을 똑같이 5칸으로 나누었으므로 눈금 한 칸의 크기는

$5\dfrac{3}{4}\div5=\dfrac{23}{4}\div5=\dfrac{23}{4}\times\dfrac{1}{5}=\dfrac{23}{20}=1\dfrac{3}{20}$입니다.

😊 **내가 만드는 문제**

28 ㉎ 무게가 $2\dfrac{4}{7}$ kg인 지점토 라를 3명이 똑같이 나누어 가지므로 한 명이 가질 수 있는 지점토의 양은

$2\dfrac{4}{7}\div3=\dfrac{18}{7}\div3=\dfrac{18\div3}{7}=\dfrac{6}{7}$ (kg)입니다.

개념 완성 발전 문제 — 22~24쪽

1 $\dfrac{7}{11}$ / $\dfrac{7}{11}$　　**2** $\dfrac{2}{7}$

3 $\dfrac{7}{60}$　　**4** 4 / $\dfrac{5}{24}$

5 $\dfrac{5}{8}$, 2 / $\dfrac{5}{16}$　　**6** $3\dfrac{5}{6}$, 9 / $\dfrac{23}{54}$

7 6에 ○표　　**8** 1, 2, 3, 4

9 7, 8, 9　　**10** $\dfrac{2}{3}$ cm²

11 $1\dfrac{3}{10}$ m²　　**12** $2\dfrac{2}{5}$ cm²

13 $3\dfrac{1}{4}$ cm　　**14** $5\dfrac{7}{9}$ cm

15 $3\dfrac{3}{49}$ cm　　**16** $5\dfrac{1}{3}$

17 $\dfrac{5}{51}$ km　　**18** $1\dfrac{2}{5}$ m

---

2 어떤 기약분수를 □라고 하면 □×3=$\dfrac{6}{7}$이므로

□=$\dfrac{6}{7}\div3=\dfrac{6\div3}{7}=\dfrac{2}{7}$입니다.

3 어떤 분수를 □라고 하면 □×6=$4\dfrac{1}{5}$이므로

□=$4\dfrac{1}{5}\div6=\dfrac{21}{5}\div6=\dfrac{42}{10}\div6$

$=\dfrac{42\div6}{10}=\dfrac{7}{10}$입니다.

따라서 바르게 계산하면 $\dfrac{7}{10}\div6=\dfrac{7}{10}\times\dfrac{1}{6}=\dfrac{7}{60}$입니다.

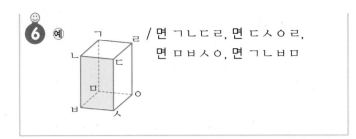

6 예 / 면 ㄱㄴㄷㄹ, 면 ㄷㅅㅇㄹ, 면 ㅁㅂㅅㅇ, 면 ㄱㄴㅂㅁ

2 각기둥에서 서로 평행하고 합동인 두 면이 밑면입니다.

3 각기둥은 밑면의 모양이 다각형이고 옆면의 모양이 직사각형입니다.

4 각기둥의 겨냥도에서 보이는 모서리는 실선으로, 보이지 않는 모서리는 점선으로 나타냅니다.

5 민석: 각기둥의 밑면은 2개입니다.

😊 내가 만드는 문제
6 각기둥에서 옆면은 두 밑면과 수직으로 만나므로 색칠한 면과 수직으로 만나는 면을 찾습니다.

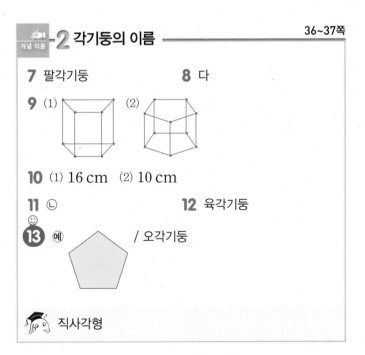

🛵-2 각기둥의 이름 ────── 36~37쪽

7 팔각기둥 **8** 다

9 (1) (2)

10 (1) 16 cm (2) 10 cm

11 ㉡ **12** 육각기둥

13 예 / 오각기둥

🎓 직사각형

7 밑면의 모양이 팔각형이므로 팔각기둥입니다.

8 가, 나, 라는 밑면의 모양이 육각형이므로 육각기둥입니다. 다는 밑면의 모양이 팔각형이므로 팔각기둥입니다.

9 면과 면이 만나는 선분은 파란색으로 표시하고, 모서리와 모서리가 만나는 점은 빨간색으로 표시합니다.

10 각기둥의 높이는 두 밑면 사이의 거리입니다.

11

각기둥	팔각기둥	십각기둥
밑면의 모양	팔각형	십각형
옆면의 모양	직사각형	직사각형
꼭짓점의 수(개)	$8 \times 2 = 16$	$10 \times 2 = 20$

12 옆면이 모두 직사각형이고 밑면이 2개인 입체도형은 각기둥입니다.
꼭짓점이 12개인 각기둥은 한 밑면의 변의 수가
$12 \div 2 = 6$(개)입니다.
따라서 나는 밑면의 모양이 육각형이므로 육각기둥입니다.

😊 내가 만드는 문제
13 밑면이 다각형이고 옆면의 모양이 직사각형이므로 각기둥입니다. 각기둥은 밑면의 모양에 따라 이름이 정해집니다.

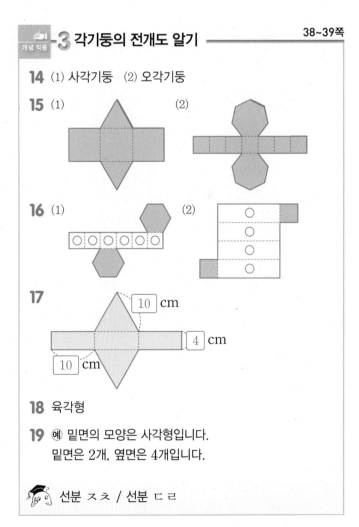

🛵-3 각기둥의 전개도 알기 ────── 38~39쪽

14 (1) 사각기둥 (2) 오각기둥

15 (1) (2)

16 (1) (2)

17 10 cm 4 cm 10 cm

18 육각형

19 예 밑면의 모양은 사각형입니다.
밑면은 2개, 옆면은 4개입니다.

🎓 선분 ㅈㅊ / 선분 ㄷㄹ

14 (1) 합동인 두 밑면의 모양이 사각형이므로 사각기둥입니다.
(2) 합동인 두 밑면의 모양이 오각형이므로 오각기둥입니다.

16 색칠한 면은 밑면입니다. 각기둥에서 밑면과 수직으로 만나는 면은 옆면이고, 옆면은 직사각형입니다.

17 삼각기둥의 밑면은 세 변의 길이가 모두 같습니다.
전개도에서 삼각기둥의 옆면 한 개의 가로는 삼각기둥의
밑면의 한 변의 길이와 같고 세로는 삼각기둥의 높이와
같습니다.

18 각기둥의 옆면의 수는 각기둥의 한 밑면의 변의 수와 같
습니다. 옆면이 6개이므로 밑면은 변의 수가 6개인 육각
형입니다.

🖊 개념 적용 ┃4 각기둥의 전개도 그리기 ────────── 40~41쪽

20 ⑩ 밑면의 모양이 오각형인데 옆면을 4개로 잘못 그렸
습니다.

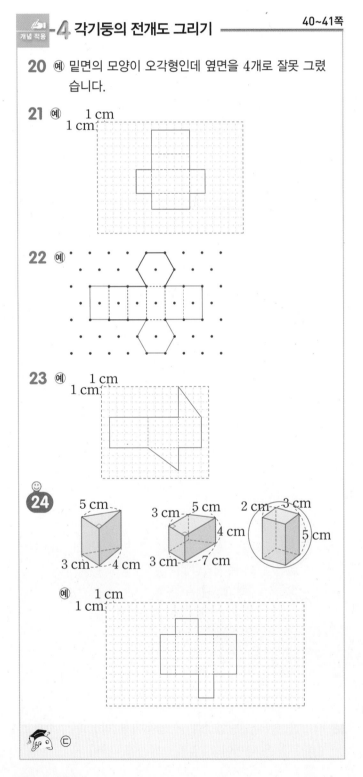

21 ⑩
1 cm
1 cm

22 ⑩

23 ⑩
1 cm
1 cm

24
5 cm 5 cm 3 cm 2 cm 3 cm
3 cm 3 cm 4 cm 3 cm 7 cm 5 cm

⑩
1 cm
1 cm

🎓 ⓒ

---

20 밑면의 모양이 오각형이므로 오각기둥입니다. 오각기둥
의 옆면은 5개입니다.

22 육각기둥의 전개도를 그릴 때 밑면은 2개, 옆면은 6개를
그려야 합니다.

23 밑면을 돌려 길이가 같은 변이 있는 옆면에 붙이는 방법
으로 전개도를 그릴 수 있습니다.

**교과서 개념 이해 5 옆으로 둘러싼 면이 모두 삼각형이고
한 점에서 만나는 입체도형은?** ─── 42쪽

1 ㉠, ㉡, ㉢, ㉣, ㉤ / ㉡, ㉤ / ㉠, ㉣

2 (1) 밑면에 ○표   (2) 옆면에 ○표

2 (2) 각뿔에서 밑면과 만나는 면이 옆면입니다.

**교과서 개념 이해 6 밑면의 모양에 따라 각뿔의 이름이
정해져.** ─── 43쪽

1 (1) 사각형, 사각뿔   (2) 칠각형, 칠각뿔

2

3	4	5
4	5	6
4	5	6
6	8	10

/ 1, 1, 2

1 (1) 밑면의 모양이 사각형이므로 사각뿔입니다.
(2) 밑면의 모양이 칠각형이므로 칠각뿔입니다.

2 • 3+1=4, 4+1=5, 5+1=6이므로
(꼭짓점의 수)=(밑면의 변의 수)+1,
(면의 수)=(밑면의 변의 수)+1입니다.
• 3×2=6, 4×2=8, 5×2=10이므로
(모서리의 수)=(밑면의 변의 수)×2입니다.

🖊 개념 적용 ┃5 각뿔 알기 ─────── 44~45쪽

1 나, 마, 바, 사 ➕ 가, 다

2 (1) 면 ㄴㄷㄹㅁㅂ   (2) 5개

3 초아

4

사각형	육각형	칠각형
삼각형	삼각형	삼각형

5 ㉠

☺
6 (예) 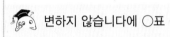 , 육각형

🐟 변하지 않습니다에 ◯표

1 밑면이 다각형이고 옆면이 모두 삼각형인 뿔 모양의 입체도형을 찾습니다.

3 해수: 각뿔은 옆면이 삼각형인데 만든 도형은 옆면이 사다리꼴이므로 각뿔이 아닙니다.

하늘: 각기둥은 옆면이 직사각형인데 만든 도형은 옆면이 사다리꼴이므로 각기둥이 아닙니다.

4 각뿔은 밑면이 다각형이고 옆면이 삼각형입니다.

5

도형	오각뿔	오각기둥
밑면의 모양	오각형	오각형
옆면의 모양	삼각형	직사각형
면의 수(개)	6	7

46~47쪽
🚜 **6 각뿔의 이름**

7 사각뿔

8 (선으로 연결된 점들)

9 (1) 점 ㄱ   (2) 점 ㅂ

10 (삼각뿔 그림) / 8개, 5개

11 28 cm

12 정아

☺
13 (예) 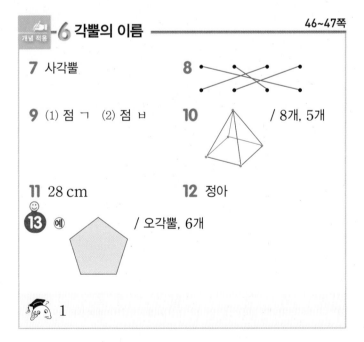 / 오각뿔, 6개

🐟 1

7 밑면의 모양이 사각형이므로 사각뿔입니다.

9 (1) 꼭짓점 중에서 옆면이 모두 만나는 점은 점 ㄱ입니다.
    (2) 꼭짓점 중에서 옆면이 모두 만나는 점은 점 ㅂ입니다.

---

10 주어진 각뿔은 밑면의 모양이 사각형이므로 사각뿔입니다. 사각뿔의 모서리는 8개, 꼭짓점은 5개입니다.

11 칠각뿔의 밑면의 모양은 한 변의 길이가 4 cm인 정칠각형이므로 밑면의 둘레는 $7 \times 4 = 28$ (cm)입니다.

12 정아: 밑면과 옆면이 수직으로 만나는 것은 각기둥입니다.

☺ 내가 만드는 문제
13 ■각뿔의 꼭짓점의 수: (■ + 1)개

48~50쪽
🚜 개념 완성 **발전 문제**

1 24 cm	**2** 36 cm
3 55 cm	**4** 56 cm
5 65 cm	**6** 84 cm
7 (전개도 그림)	**8** ㉣
	9 면 ㅊㅅㅇㅈ
	10 15 cm
	11 92 cm
12 42 cm	**13** 16 cm²
14 15 cm²	**15** 54 cm²
16 18개	**17** 칠각기둥
18 십오각뿔	

1 주어진 삼각뿔은 길이가 4 cm인 모서리가 $3 \times 2 = 6$(개)이므로 모든 모서리의 길이의 합은 $4 \times 6 = 24$ (cm)입니다.

2 주어진 사각기둥은 길이가 4 cm인 모서리가 4개, 2 cm인 모서리가 4개, 3 cm인 모서리가 4개입니다. 따라서 모든 모서리의 길이의 합은 $4 \times 4 + 2 \times 4 + 3 \times 4 = 16 + 8 + 12 = 36$ (cm)입니다.

3 밑면의 모양이 정오각형인 각기둥은 오각기둥입니다. 따라서 길이가 3 cm인 모서리가 10개, 5 cm인 모서리가 5개이므로 모든 모서리의 길이의 합은 $3 \times 10 + 5 \times 5 = 30 + 25 = 55$ (cm)입니다.

4 밑면의 모양은 한 변의 길이가 4 cm인 정사각형입니다. 따라서 길이가 4 cm인 모서리가 8개, 6 cm인 모서리가 4개이므로 모든 모서리의 길이의 합은 $4 \times 8 + 6 \times 4 = 32 + 24 = 56$ (cm)입니다.

5 밑면의 모양이 정오각형이고, 옆면의 모양이 이등변삼각형인 각뿔은 오각뿔입니다.
따라서 길이가 5 cm인 모서리가 5개, 8 cm인 모서리가 5개이므로 모든 모서리의 길이의 합은
$5 \times 5 + 8 \times 5 = 25 + 40 = 65$ (cm)입니다.

6 밑면의 모양이 정육각형이고 옆면의 모양이 삼각형인 각뿔은 육각뿔입니다.
따라서 길이가 5 cm인 모서리가 6개, 9 cm인 모서리가 6개이므로 모든 모서리의 길이의 합은
$5 \times 6 + 9 \times 6 = 30 + 54 = 84$ (cm)입니다.

7 전개도를 접었을 때 서로 평행하고 합동인 두 면을 찾습니다.

8 전개도를 접었을 때 ㉠과 마주 보는 면은 ㉣입니다.
따라서 한 밑면이 ㉠일 때 다른 한 밑면은 ㉣입니다.
주의 | 각기둥에서 두 밑면은 서로 평행하고 합동인 다각형입니다. 따라서 전개도를 접어 각기둥을 만들었을 때 합동이고 마주 보는 면을 찾아야 합니다.

9 전개도를 점선을 따라 접으면 다음과 같습니다.

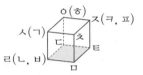

10 모서리의 길이가 모두 5 cm로 같고 선분 ㄱㄴ은 모서리 3개의 길이와 같으므로 $5 \times 3 = 15$ (cm)입니다.

11 전개도의 둘레를 보면 길이가 4 cm인 선분이 8개, 6 cm인 선분이 10개이므로 둘레는
$4 \times 8 + 6 \times 10 = 32 + 60 = 92$ (cm)입니다.

12 전개도의 둘레를 보면 길이가 6 cm인 선분이 4개, 3 cm인 선분이 6개이므로 둘레는
$6 \times 4 + 3 \times 6 = 24 + 18 = 42$ (cm)입니다.

13 색칠한 부분은 한 변의 길이가 4 cm인 정사각형이므로 색칠한 부분의 넓이는 $4 \times 4 = 16$ (cm²)입니다.

14 색칠한 부분은 가로가 3 cm, 세로가 5 cm인 직사각형이므로 색칠한 부분의 넓이는 $3 \times 5 = 15$ (cm²)입니다.

15 색칠한 부분은 가로가 6 cm, 세로가 $3 \times 3 = 9$ (cm)인 직사각형이므로 색칠한 부분의 넓이는
$6 \times 9 = 54$ (cm²)입니다.

16 주어진 입체도형은 밑면의 모양이 육각형인 각기둥이므로 육각기둥입니다.
따라서 육각기둥의 모서리는 $6 \times 3 = 18$(개)입니다.

17 각기둥의 한 밑면의 변의 수를 □개라고 하면 꼭짓점이

14개이므로 $□ \times 2 = 14$, $□ = 7$입니다.
한 밑면의 변이 7개이므로 밑면의 모양은 칠각형입니다.
따라서 각기둥의 이름은 칠각기둥입니다.

18 각기둥의 한 밑면의 변의 수를 □개라고 하면 면이 10개이므로 $□ + 2 = 10$, $□ = 8$입니다. 한 밑면의 변이 8개이므로 밑면의 모양이 팔각형인 팔각기둥입니다.
팔각기둥의 꼭짓점은 $8 \times 2 = 16$(개)입니다.
각뿔의 밑면의 변의 수를 △개라고 하면 꼭짓점이 16개이므로 $△ + 1 = 16$, $△ = 15$입니다. 밑면의 변이 15개이므로 밑면의 모양은 십오각형입니다.
따라서 각뿔의 이름은 십오각뿔입니다.

2단원 단원 평가   51~53쪽

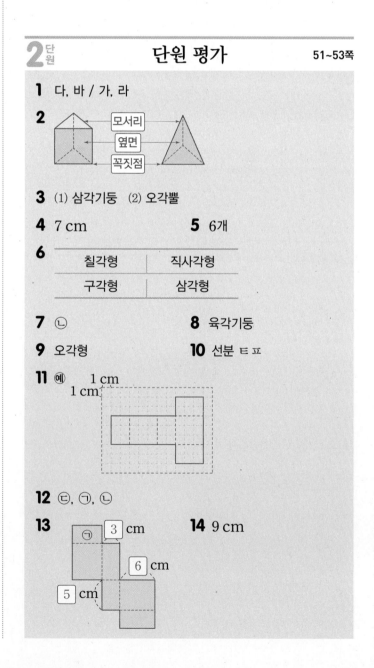

1 다, 바 / 가, 라

2

3 (1) 삼각기둥   (2) 오각뿔

4 7 cm   **5** 6개

6

칠각형	직사각형
구각형	삼각형

7 ㉡   **8** 육각기둥

9 오각형   **10** 선분 ㅌㅍ

11 예

12 ㉢, ㉠, ㉡

13   **14** 9 cm

15 16개   **16** 240 cm

17 146 cm   **18** 80 cm

19 3개   **20** 12개

1 나는 평행한 두 면이 합동이 아니므로 각기둥이 아닙니다. 마는 밑면이 원으로 다각형이 아니므로 각뿔이 아닙니다.

2 • 면과 면이 만나는 선분 ➡ 모서리
   • 밑면과 만나는 면 ➡ 옆면
   • 모서리와 모서리가 만나는 점 ➡ 꼭짓점

3 ⑴ 밑면의 모양이 삼각형이고 옆면이 모두 직사각형이므로 삼각기둥입니다.
   ⑵ 밑면의 모양이 오각형이고 옆면이 모두 삼각형이므로 오각뿔입니다.

4 각뿔의 높이는 각뿔의 꼭짓점에서 밑면에 수직인 선분의 길이이므로 7 cm입니다.

5 밑면에 수직인 면은 옆면입니다. 옆면의 수는 한 밑면의 변의 수와 같습니다.

6 각기둥의 옆면은 모두 직사각형이고 각뿔의 옆면은 모두 삼각형입니다.

7 각뿔의 높이는 각뿔의 꼭짓점에서 밑면에 수직인 선분의 길이입니다.

8 입체도형의 전개도에서 두 밑면의 모양은 육각형이고 남은 면 6개가 모두 직사각형이므로 육각기둥의 전개도입니다.

9 각기둥의 옆면의 수는 각기둥의 한 밑면의 변의 수와 같습니다. 옆면이 5개이므로 밑면은 변의 수가 5개인 오각형입니다.

10 점 ㅊ과 맞닿는 점은 점 ㅌ이고, 점 ㅈ과 맞닿는 점은 점 ㅍ이므로 선분 ㅊㅈ과 맞닿는 선분은 선분 ㅌㅍ입니다.

11 각기둥의 모서리를 자르는 방법에 따라 전개도는 여러 가지 모양으로 그릴 수 있습니다.

12 ㉠ (사각뿔의 모서리의 수) $= 4 \times 2 = 8$(개)
   ㉡ (팔각뿔의 꼭짓점의 수) $= 8 + 1 = 9$(개)
   ㉢ (육각뿔의 면의 수) $= 6 + 1 = 7$(개)
   따라서 수가 작은 것부터 차례대로 쓰면 ㉢, ㉠, ㉡입니다.

13 사각기둥의 각 모서리의 길이와 길이가 같은 모서리를 전개도에서 찾습니다.
   참고 | 전개도에서 맞닿는 변의 길이는 같습니다.

14 각기둥의 높이는 옆면의 모서리인 선분 ㅈㅊ의 길이와 같으므로 9 cm입니다.

15 밑면의 모양이 팔각형이므로 입체도형은 팔각기둥과 팔각뿔입니다.
   팔각기둥의 면은 $8 + 2 = 10$(개),
   꼭짓점은 $8 \times 2 = 16$(개),
   모서리는 $8 \times 3 = 24$(개)이므로
   (면의 수) + (꼭짓점의 수) + (모서리의 수)
   $= 10 + 16 + 24 = 50$(개)입니다.
   팔각뿔의 면과 꼭짓점은 각각 $8 + 1 = 9$(개),
   모서리는 $8 \times 2 = 16$(개)이므로
   (면의 수) + (꼭짓점의 수) + (모서리의 수)
   $= 9 + 9 + 16 = 34$(개)입니다.
   ➡ 차: $50 - 34 = 16$(개)

16 주어진 육각기둥은 길이가 10 cm인 모서리가 12개, 20 cm인 모서리가 6개이므로 모든 모서리의 길이의 합은 $10 \times 12 + 20 \times 6 = 120 + 120 = 240$ (cm)입니다.

17 전개도의 둘레를 보면 길이가 9 cm인 선분이 10개, 7 cm인 선분이 8개이므로 둘레는 $9 \times 10 + 7 \times 8 = 90 + 56 = 146$ (cm)입니다.

18 밑면의 모양이 사각형이고 옆면이 직사각형인 입체도형은 사각기둥입니다.
   주어진 사각기둥은 길이가 6 cm인 모서리가 8개, 8 cm인 모서리가 4개입니다.
   ➡ (모든 모서리의 길이의 합) $= 6 \times 8 + 8 \times 4$
   $= 48 + 32 = 80$ (cm)

서술형
19 ⑩ 각기둥에서 밑면은 면 ㄱㄴㄷ과 면 ㄹㅁㅂ입니다. 각기둥의 높이는 두 밑면 사이의 거리이므로 높이를 잴 수 있는 모서리는 모서리 ㄱㄹ, 모서리 ㄴㅁ, 모서리 ㄷㅂ으로 모두 3개입니다.

평가 기준	배점
각기둥에서 두 밑면을 찾았나요?	2점
높이를 잴 수 있는 모서리를 모두 찾아 수를 세었나요?	3점

서술형
20 ⑩ 각기둥의 한 밑면의 변의 수를 ☐개라고 하면 면이 8개이므로 ☐ + 2 = 8, ☐ = 6입니다. 한 밑면의 변이 6개이므로 밑면의 모양이 육각형인 육각기둥입니다.
   따라서 육각기둥의 꼭짓점은 $6 \times 2 = 12$(개)입니다.

평가 기준	배점
면이 8개인 각기둥을 찾았나요?	2점
찾은 각기둥의 꼭짓점의 수를 구했나요?	3점

3 소수의 나눗셈

우리가 생활하는 주변을 살펴보면 수치가 자연수인 경우보다 소수인 경우를 등분해야 할 상황이 더 많이 발생합니다. 실제 측정하여 길이나 양을 나타내는 경우 소수로 주어지는 경우가 많으므로 등분하려면 (소수)÷(자연수)의 계산이 필요하게 됩니다. 이 단원에서는 (소수)÷(자연수)가 적용되는 실생활 상황을 식을 세워 어림해 보고 자연수의 나눗셈과 분수의 나눗셈으로 바꾸어 계산하여 확인하는 활동을 합니다. 이를 바탕으로 (소수)÷(자연수)의 계산 원리를 이해하고, 세로 계산으로 형식화합니다. 또 몫을 어림해 보는 활동을 통하여 소수점의 위치를 바르게 표시하였는지 확인해 보도록 합니다. 이 단원의 주요 목적은 세로 계산 방법을 습득하는 과정에서 (자연수)÷(자연수)와 (소수)÷(자연수)의 나누어지는 수와 몫의 크기를 비교하는 방법 등을 통해 학생들이 세로 계산 방법의 원리를 충분히 이해하고 사용할 수 있는 데 중점을 둡니다.

개념 이해 1 ■/10 ÷ ●의 몫은 ■÷●의 몫의 1/10 배야. 56쪽

1 (1) 284, 142, 14.2 (2) 844, 211, 2.11

2 (1) 23.1 (2) 2.31

3 (1) 1□2□1 (2) 3□2□3

1 (1) 1 cm = 10 mm이므로 28.4 cm = 284 mm입니다.
　(2) 1 m = 100 cm이므로 8.44 m = 844 cm입니다.

2 나누는 수가 같을 때 나누어지는 수가 $\frac{1}{10}$배, $\frac{1}{100}$배가 되면 몫도 $\frac{1}{10}$배, $\frac{1}{100}$배가 됩니다.

3 (1)
$\frac{1}{10}$배 $\binom{484 \div 4 = 121}{48.4 \div 4 = 12.1}$ $\frac{1}{10}$배

(2)
$\frac{1}{100}$배 $\binom{969 \div 3 = 323}{9.69 \div 3 = 3.23}$ $\frac{1}{100}$배

개념 이해 2 나누어지는 수의 소수점 위치에 맞춰 몫에 소수점을 찍어. 57쪽

1 (1) 2.3 (2) 5.27 (세로셈)

1 자연수의 나눗셈과 같은 방법으로 계산하고, 나누어지는 수의 소수점 위치에 맞춰 결괏값에 소수점을 올려 찍습니다.

개념 이해 3 ●÷▲에서 ●<▲이면 몫은 1보다 작아. 58~59쪽

1 (1) 4 / 0.4 (2) 49 / 0.49

2 (1) 25, 25, 5, 5, 0.5 (2) 657, 657, 9, 73, 0.73

3 (1) 0.85 (2) 0.96 (세로셈)

4 (1) 0.57 / 0.57 (2) 0.91 / 0.91

5 ㉡, ㉢

6 (1) 3.92 (2) 5.22

5 ㉠ 3.9÷3 = 1.3　㉡ 5.6÷7 = 0.8
㉢ 4.38÷6 = 0.73　㉣ 9.92÷8 = 1.24
따라서 나눗셈의 몫이 1보다 작은 것을 모두 찾으면 ㉡, ㉢입니다.

다른 풀이 | 나누어지는 수가 나누는 수보다 작으면 몫이 1보다 작습니다.
㉠ 3.9>3, ㉡ 5.6<7, ㉢ 4.38<6, ㉣ 9.92>8이므로 몫이 1보다 작은 것을 모두 찾으면 ㉡, ㉢입니다.

6 나누는 수가 같고 몫이 $\frac{1}{100}$배가 되었으므로 나누어지는 수도 $\frac{1}{100}$배가 됩니다.

1 (소수)÷(자연수)(1)

1 123, 123, 1.23

2 (1) $\frac{1}{10}$, 132, 13.2 (2) $\frac{1}{100}$, 324, 3.24

3 (1) < (2) >

4 (1) 234 / 23.4 / 2.34 (2) 212 / 21.2 / 2.12

5 (1) 100배 (2) 10배

➕ 49, 49 / 49, 49 / 같습니다에 ◯표

🙂 **6** 예 나 / 2.21 cm

🎓 (왼쪽에서부터)

$\frac{1}{100}$, $\frac{1}{10}$, 143, 14.3, 1.43, $\frac{1}{10}$, $\frac{1}{100}$

1 1 cm = 0.01 m이므로 123 cm = 1.23 m입니다.

3 나누는 수가 같을 때에는 나누어지는 수의 크기를 비교하여 몫의 크기를 비교합니다.

5 나누는 수가 같을 때 나누어지는 수가 10배, 100배가 되면 몫도 10배, 100배가 됩니다.

🙂 내가 만드는 문제
6 예 나는 정사각형이므로 네 변의 길이가 모두 같습니다.
따라서 정사각형의 한 변의 길이는
8.84÷4 = 2.21 (cm)입니다.

2 (소수)÷(자연수)(2)

7 (1) $8.55÷5 = \frac{855}{100} ÷ 5 = \frac{855÷5}{100} = \frac{171}{100}$
$= 1.71$

(2) $18.72÷8 = \frac{1872}{100} ÷ 8 = \frac{1872÷8}{100} = \frac{234}{100}$
$= 2.34$

8
```
      3.2 8
  8)2 6.2 4
    2 4
      2 2
      1 6
        6 4
        6 4
          0
```

9 (1) 0.62 (2) 0.83

10 (1) < (2) = **11** 0.72 g

---

12 0.84 cm²

🙂 **13** 예

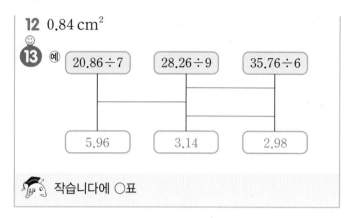

🎓 작습니다에 ◯표

8 몫의 소수점은 나누어지는 수의 소수점을 올려 찍어야 합니다.

9 (1)
```
    0.6 2
  4)2.4 8
    2 4
      8
      8
      0
```
(2)
```
    0.8 3
  7)5.8 1
    5 6
      2 1
      2 1
        0
```

10 (1) 2.38÷7 = 0.34, 3.24÷9 = 0.36
0.34 < 0.36이므로 2.38÷7 < 3.24÷9입니다.
(2) 3.84÷6 = 0.64, 1.92÷3 = 0.64이므로
3.84÷6 = 1.92÷3입니다.

11 빨간색 구슬 3개의 무게가 2.16 g이므로 빨간색 구슬 한 개의 무게는 2.16÷3 = 0.72 (g)입니다.

12 넓이가 2.24 cm²인 직사각형을 8칸으로 똑같이 나누면 한 칸의 넓이는 2.24÷8 = 0.28 (cm²)입니다. 따라서 색칠된 부분의 넓이는 0.28×3 = 0.84 (cm²)입니다.

🙂 내가 만드는 문제
13 20.86÷7 = 2.98, 28.26÷9 = 3.14,
35.76÷6 = 5.96

교과서 개념 이해 4 나누어떨어지지 않으면 0을 내려 계산하자.

1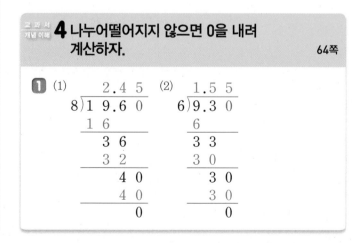

5 수를 내려도 나눌 수 없으면 몫에
0을 쓰자.

65쪽

1 (1) 612, 612, 2, 306, 3.06
(2) 520, 520, 5, 104, 1.04

2 (1)
$$\begin{array}{r} 2.0\,7 \\ 5\,)\overline{1\,0.3\,5} \\ \underline{1\,0} \\ 3\,5 \\ \underline{3\,5} \\ 0 \end{array}$$
(2)
$$\begin{array}{r} 3.0\,5 \\ 3\,)\overline{9.1\,5} \\ \underline{9} \\ 1\,5 \\ \underline{1\,5} \\ 0 \end{array}$$

1 (2) $5.2 \div 5 = \dfrac{52}{10} \div 5 = \dfrac{52 \div 5}{10}$ 로 바꾸면

$52 \div 5$는 몫이 자연수로 나누어떨어지지 않습니다.

➡ $5.2 \div 5 = \dfrac{520}{100} \div 5 = \dfrac{520 \div 5}{100} = \dfrac{104}{100}$
$= 1.04$

6 (자연수)÷(자연수)는 자연수가
아닐 수도 있어.

66쪽

1 (1) 7, 2, 2, $\dfrac{14}{10}$, 1.4 (2) 7, 5, 5, $\dfrac{35}{100}$, 0.35

2 (1)
$$\begin{array}{r} 2.5 \\ 8\,)\overline{2\,0.0} \\ \underline{1\,6} \\ 4\,0 \\ \underline{4\,0} \\ 0 \end{array}$$
(2)
$$\begin{array}{r} 1.2\,5 \\ 12\,)\overline{1\,5.0\,0} \\ \underline{1\,2} \\ 3\,0 \\ \underline{2\,4} \\ 6\,0 \\ \underline{6\,0} \\ 0 \end{array}$$

1 $▲ \div ● = \dfrac{▲}{●}$ 에서 분모 $●$를 10, 100, 1000으로 바꾼
후 소수로 나타냅니다.

7 어림셈을 통해 몫의 소수점 위치를
찾을 수 있어.

67쪽

1 (1) (왼쪽에서부터) 7, 8 / 7, 8 (2) 7, 7.15

2 (1) 예 3 / 3□2□6 (2) 예 41, 8 / 8□2□2

3 (1) 예 4, 2 / 1.95에 ○표
(2) 예 28, 3 / 3.15에 ○표

---

3 (1) $3.9 \div 2$를 $4 \div 2$로 어림하면 약 2이므로 1.95입니다.
(2) $28.35 \div 9$를 $28 \div 9$로 어림하면 약 3이므로 3.15입니다.

개념 적용 3 (소수)÷(자연수)(3)

68~69쪽

1 (1) $41.3 \div 5 = \dfrac{4130}{100} \div 5 = \dfrac{4130 \div 5}{100} = \dfrac{826}{100}$
$= 8.26$

(2) $20.7 \div 6 = \dfrac{2070}{100} \div 6 = \dfrac{2070 \div 6}{100} = \dfrac{345}{100}$
$= 3.45$

2 (1) 2.15 (2) 1.64

3 (1) 2.26 / 4.52 / 6.78 (2) 1.65 / 2.65 / 3.65

➕ 3, 4, 0.8 / 4, 0.8

4 (1) 8.45 cm^2 (2) 8.45 cm^2

5 (1) 4.6, 1.15 (2) 21.3, 3.55

6 예

5.4 L 5.8 L 3.4 L 3.8 L
/ $5.4 \div 4 = 1.35$ / 1.35 L

(위에서부터) 3, 5, 5, 0

2 (1)
$$\begin{array}{r} 2.1\,5 \\ 4\,)\overline{8.6\,0} \\ \underline{8} \\ 6 \\ \underline{4} \\ 2\,0 \\ \underline{2\,0} \\ 0 \end{array}$$
(2)
$$\begin{array}{r} 1.6\,4 \\ 5\,)\overline{8.2\,0} \\ \underline{5} \\ 3\,2 \\ \underline{3\,0} \\ 2\,0 \\ \underline{2\,0} \\ 0 \end{array}$$

4 (1) 4등분하였으므로 색칠된 부분의 넓이는
$33.8 \div 4 = 8.45$ (cm^2)입니다.
(2) 8등분하였으므로 색칠된 부분의 넓이는
$67.6 \div 8 = 8.45$ (cm^2)입니다.

5 (1) $4 \times ■ = 4.6$
$■ = 4.6 \div 4 = 1.15$
(2) $6 \times ▲ = 21.3$
$▲ = 21.3 \div 6 = 3.55$

내가 만드는 문제

6 (예) 주스 5.4 L를 4명이 똑같이 나누어 마실 때
(한 명이 마시는 주스의 양) = 5.4÷4 = 1.35 (L)
입니다.

 개념 적용

4 (소수)÷(자연수)(4)　　　　70~71쪽

7 (1) (위에서부터) 1.07 / 1.07 / 1.07, 7.49
(2) (위에서부터) 1.05 / 1.05 / 1.05, 6.3

8 (1) 206, 2.06　(2) 705, 7.05

9 10.05÷5 = 2.01 / 2.01L

10 (1) =　(2) >　　　**11** 1.06

12 1.03

13 (예) 6.12÷6 = 1.02 / 1.02

(왼쪽에서부터) 2, 10, 0 / 30

7 (1)
$$\begin{array}{r} 1.0\ 7 \\ 7\overline{)7.4\ 9} \\ \underline{7} \\ 4\ 9 \\ \underline{4\ 9} \\ 0 \end{array}$$

(2)
$$\begin{array}{r} 1.0\ 5 \\ 6\overline{)6.3\ 0} \\ \underline{6} \\ 3\ 0 \\ \underline{3\ 0} \\ 0 \end{array}$$

9 (1분 동안 받은 물의 양) = 10.05÷5 = 2.01 (L)

10 (1) 6.18÷2 = 3.09, 24.72÷8 = 3.09이므로
6.18÷2 = 24.72÷8입니다.
(2) 20.1÷2 = 10.05, 27.15÷3 = 9.05
10.05 > 9.05이므로 20.1÷2 > 27.15÷3입니다.

11 9.54÷3 = 3.18의 소수 첫째 자리가 1이므로 3.18을
3으로 한 번 더 나눕니다.
➡ 3.18÷3 = 1.06

12 ■×6 = 49.44

■ = 49.44÷6 = 8.24
8.24÷8 = 1.03이므로 ●의 값은 1.03입니다.

 개념 적용

5 (자연수)÷(자연수)　　　　72~73쪽

14 (1) 22.25　(2) 2.25

+
$$\begin{array}{r} 0.3\ 3\ 3 \\ 6\overline{)2.0\ 0\ 0} \\ \underline{1\ 8} \\ 2\ 0 \\ \underline{1\ 8} \\ 2\ 0 \\ \underline{1\ 8} \\ 2 \end{array}$$ / 0.33

15 (1) 0.75 / 1.5　(2) 1.68 / 0.84

16 8, 5, 1.6　　　　**17** ㉠

18 3.5 g

19 (예) 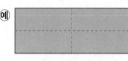 / 4, 6.75

14 (1)
$$\begin{array}{r} 2\ 2.2\ 5 \\ 4\overline{)8\ 9.0\ 0} \\ \underline{8} \\ 9 \\ \underline{8} \\ 1\ 0 \\ \underline{8} \\ 2\ 0 \\ \underline{2\ 0} \\ 0 \end{array}$$

(2)
$$\begin{array}{r} 2.2\ 5 \\ 12\overline{)2\ 7.0\ 0} \\ \underline{2\ 4} \\ 3\ 0 \\ \underline{2\ 4} \\ 6\ 0 \\ \underline{6\ 0} \\ 0 \end{array}$$

15 (1) 나누는 수가 같을 때 나누어지는 수가 2배가 되면 몫
도 2배가 됩니다.
(2) 나누어지는 수가 같을 때 나누는 수가 2배가 되면 몫
은 $\frac{1}{2}$배가 됩니다.

16 몫이 가장 큰 나눗셈식을 만들려면 나누어지는 수는 가
장 크게, 나누는 수는 가장 작게 해야 합니다.
➡ 8÷5 = 1.6

17 ㉠ 46÷4 = 11.5 ➡ 1번
㉡ 53÷4 = 13.25 ➡ 2번
㉢ 37÷4 = 9.25 ➡ 2번
㉣ 27÷4 = 6.75 ➡ 2번

18 (초콜릿 2개의 무게) = 4.5×2 = 9 (g)
(사탕 6개의 무게) = 30 − 9 = 21 (g)
따라서 사탕 한 개의 무게는 21÷6 = 3.5 (g)입니다.

내가 만드는 문제
19 (예) (한 칸의 넓이) = (직사각형의 넓이)÷(칸 수)
= 27÷4 = 6.75 (m²)

6 몫의 값 어림하기 74~75쪽

20 (○)( )

21 (1) $12 \div 7$ (2) $20 \div 11$

22 (1) 예 43, 5 / 5□4□1 (2) 예 321, 7, 45 / 4□5□9

23 (1) $91.8 \div 3 = 30.6$에 ○표
(2) $9.18 \div 9 = 1.02$에 ○표

24 5□0□5 /

$$
\begin{array}{r}
5.0\ 5 \\
6\,\overline{)\,3\ 0.3\ 0} \\
3\ 0 \\ \hline
3\ 0 \\
3\ 0 \\ \hline
0
\end{array}
$$

25 ㉠, ㉡, ㉢

㉖ 예 2□7□3□6 ÷ 9 / $27 \div 9 = 3$ / 3.04

🐟 8.1에 ○표

---

21 반올림할 때는 구하는 바로 아래 자리의 숫자가 0, 1, 2, 3, 4이면 버리고 5, 6, 7, 8, 9이면 올립니다.
소수를 반올림하여 일의 자리까지 나타내면
$11.76 \Rightarrow 12$, $20.35 \Rightarrow 20$입니다.

23 (1) $91.8 \div 3$을 $92 \div 3$으로 어림하면 약 30이므로 몫의 소수점 위치는 30ᴧ이 됩니다. 따라서 어림셈하여 몫의 소수점 위치가 올바른 식은 $91.8 \div 3 = 30.6$입니다.
(2) $9.18 \div 9$를 $9 \div 9$로 어림하면 약 1이므로 몫의 소수점 위치는 1ᴧ이 됩니다. 따라서 어림셈하여 몫의 소수점 위치가 올바른 식은 $9.18 \div 9 = 1.02$입니다.

24 $30.3 \div 6$을 $30 \div 6$으로 어림하면 약 5이므로 5.05입니다.

25 나누어지는 수가 나누는 수보다 크면 몫이 1보다 큽니다.
㉠ $4.52 > 4$ ㉡ $7.56 > 3$ ㉢ $5.8 > 5$
㉣ $1.4 < 5$ ㉤ $6.84 < 9$ ㉥ $3.9 < 6$
따라서 몫이 1보다 큰 나눗셈을 모두 찾으면 ㉠, ㉡, ㉢입니다.
다른 풀이 | ㉠ $4.52 \div 4 = 1.13$ ㉡ $7.56 \div 3 = 2.52$
㉢ $5.8 \div 5 = 1.16$ ㉣ $1.4 \div 5 = 0.28$
㉤ $6.84 \div 9 = 0.76$ ㉥ $3.9 \div 6 = 0.65$
따라서 몫이 1보다 큰 나눗셈을 모두 찾으면 ㉠, ㉡, ㉢입니다.

발전 문제 76~78쪽

1 6.36
2 2.9
3 1.89
4 (1) < (2) >
5 6
6 6개
7 1.5
8 13, 4 / 3.25
9 9, 8, 7, 5 / 19.74
10 2.84
11 2.09 m
12 6.5 km
13 (위에서부터) 12, 36

14
$$
\begin{array}{r}
3.7\ 8 \\
8\,\overline{)\,3\ 0.2\ 4} \\
2\ 4 \\ \hline
6\ 2 \\
5\ 6 \\ \hline
6\ 4 \\
6\ 4 \\ \hline
0
\end{array}
$$

15
$$
\begin{array}{r}
2.7 \\
29\,\overline{)\,7\ 8.3} \\
5\ 8 \\ \hline
2\ 0\ 3 \\
2\ 0\ 3 \\ \hline
0
\end{array}
$$

16 2.01 km
17 ㉡
18 7.17 km

---

2 어떤 소수를 □라고 하면 $□ \times 3 = 8.7$이므로
$□ = 8.7 \div 3 = 2.9$입니다.

3 어떤 소수를 □라고 하면 $□ \times 4 = 30.24$이므로
$□ = 30.24 \div 4 = 7.56$입니다.
따라서 바르게 계산하면 $7.56 \div 4 = 1.89$입니다.

4 (1) $11.55 \div 5 = 2.31$, $43.68 \div 12 = 3.64$
$2.31 < 3.64$이므로 $11.55 \div 5 < 43.68 \div 12$입니다.
(2) $14.52 \div 6 = 2.42$, $38.93 \div 17 = 2.29$
$2.42 > 2.29$이므로 $14.52 \div 6 > 38.93 \div 17$입니다.

5 $17.91 \div 3 = 5.97$
$5.97 < □$이므로 □ 안에 들어갈 수 있는 자연수는 6, 7, 8, ...입니다.
따라서 □ 안에 들어갈 수 있는 가장 작은 자연수는 6입니다.

6 $64.8 \div 15 = 4.32$
$4.32 < 4.□1$이므로 □ 안에 들어갈 수 있는 자연수는 4, 5, 6, 7, 8, 9입니다.
따라서 □ 안에 들어갈 수 있는 자연수는 모두 6개입니다.

7 $9 \div 6 = 1.5$

8 몫이 가장 큰 나눗셈식을 만들려면 나누어지는 수는 가장 크게, 나누는 수는 가장 작게 해야 합니다.
➡ $13 \div 4 = 3.25$

9 몫이 가장 큰 나눗셈식을 만들려면 나누어지는 수는 가장 크게, 나누는 수는 가장 작게 해야 합니다.
➡ $98.7 \div 5 = 19.74$

10 (점 사이의 간격 수) $= 6 - 1 = 5$ (군데)
(점 사이의 간격) $= 14.2 \div 5 = 2.84$ (cm)

11 (나무 사이의 간격 수) $= 9 - 1 = 8$ (군데)
(나무 사이의 간격) $= 16.72 \div 8 = 2.09$ (m)

12 (산책로 한쪽에 심는 나무의 수) $= 38 \div 2 = 19$ (그루)
(나무 사이의 간격 수) $= 19 - 1 = 18$ (군데)
(나무 사이의 간격) $= 117 \div 18 = 6.5$ (km)

13
```
      2. 0 6
  6 ) 1 2. 3 6
      ┌─┐
      │㉠│
      └─┘
        3 6
        ┌─┐
        │㉡│
        └─┘
          0
```
• ㉠ $= 6 \times 2 = 12$
• ㉡ $= 6 \times 6 = 36$

14
```
        3. 7 8
  ㉠ ) 3 0.㉢ 4
      ┌─┐
      │㉢│
      └─┘
        6 ㉣
        ┌─┐
        │㉤│
        └─┘
          6 4
          6 4
            0
```
• ㉠ $\times 8 = 64$이므로 ㉠ $= 8$
• ㉠ $\times 3 = $ ㉢이므로 ㉢ $= 8 \times 3 = 24$
• ㉠ $\times 7 = $ ㉤이므로 ㉤ $= 8 \times 7 = 56$
• 6㉣ $- 56 = 6$이므로 6㉣ $= 62$ ➡ ㉣ $= 2$
• ㉡ $= $ ㉣이므로 ㉡ $= 2$

15
```
            2.㉠
  ㉡㉢ ) ㉣㉤. 3
          5 8
          2 0 3
          ㉥㉦㉧
              0
```
• $203 - $ ㉥㉦㉧ $= 0$이므로 ㉥㉦㉧ $= 203$
➡ ㉥ $= 2$, ㉦ $= 0$, ㉧ $= 3$

• ㉣㉤ $- 58 = 20$이므로 ㉣㉤ $= 78$
➡ ㉣ $= 7$, ㉤ $= 8$
• ㉡㉢ $\times 2 = 58$이므로 ㉡㉢ $= 29$ ➡ ㉡ $= 2$, ㉢ $= 9$
• ㉡㉢ $\times$ ㉠ $= 203$이므로 $29 \times$ ㉠ $= 203$
➡ ㉠ $= 203 \div 29 = 7$

16 (1분 동안 가는 거리) $= 14.07 \div 7 = 2.01$ (km)

17 연료 1 L로 갈 수 있는 거리를 알아봅니다.
㉠ $61 \div 4 = 15.25$ (km)
㉡ $109.9 \div 7 = 15.7$ (km)
따라서 $15.25 < 15.7$이므로 같은 연료로 더 먼 거리를 움직일 수 있는 자동차는 ㉡입니다.

18 (승용차가 1분 동안 달린 거리)
$= 11.61 \div 9 = 1.29$ (km)
➡ (승용차가 3분 동안 달린 거리)
$= 1.29 \times 3 = 3.87$ (km)
(트럭이 1분 동안 달린 거리)
$= 13.2 \div 12 = 1.1$ (km)
➡ (트럭이 3분 동안 달린 거리)
$= 1.1 \times 3 = 3.3$ (km)
따라서 3분 동안 달린 두 자동차 사이의 거리는
$3.87 + 3.3 = 7.17$ (km)입니다.

3단원 단원 평가 79~81쪽

1 3.13

2 $7.38 \div 3 = \dfrac{738}{100} \div 3 = \dfrac{738 \div 3}{100} = \dfrac{246}{100} = 2.46$

3 (1) 0.47 (2) 0.25 **4** $1.6 / 0.16$

5 (연결선)

6 (1) 0.64배 (2) 0.82배

7 (위에서부터) 3.09, 6.18

8 (1) $>$ (2) $<$

9
```
      0. 6 2
  9 ) 5. 5 8
      5 4
        1 8
        1 8
          0
```

10 2.88 cm²

11 4.24

12
$$4\overline{)\begin{array}{r}6.0\ 5 \\ 2\ 4\ .2 \\ \hline 2\ 4 \\ \ 2\ 0 \\ \ 2\ 0 \\ \hline 0 \end{array}}$$

13 1, 2, 3, 4 / 30.75

14 0.35

15 3

16 0.45

17 4.05 m

18 1.75 kg

19 15

20 5.95 km

1 $939 \div 3 = 313$이므로 $9.39 \div 3$의 몫은 313의 $\frac{1}{100}$배인 3.13입니다.

3 (1)
$$7\overline{)\begin{array}{r}0.4\ 7 \\ 3.2\ 9 \\ \hline 2\ 8 \\ \ 4\ 9 \\ \ 4\ 9 \\ \hline 0 \end{array}}$$

(2)
$$9\overline{)\begin{array}{r}0.2\ 5 \\ 2.2\ 5 \\ \hline 1\ 8 \\ \ 4\ 5 \\ \ 4\ 5 \\ \hline 0 \end{array}}$$

4 나누는 수가 같을 때 나누어지는 수가 $\frac{1}{10}$배, $\frac{1}{100}$배가 되면 몫도 $\frac{1}{10}$배, $\frac{1}{100}$배가 됩니다.

5 $8.1 \div 6 = 1.35$
$8.1 \div 2 = 4.05$
$8.1 \div 18 = 0.45$

6 (1) $2.56 \div 4 = 0.64$(배)
(2) $7.38 \div 9 = 0.82$(배)

7 $18.54 \div 6 = 3.09$
$18.54 \div 3 = 6.18 \rightarrow 6.18 \div 2 = 3.09$

8 (1) $82.5 \div 5 = 16.5$, $86.8 \div 7 = 12.4$
$16.5 > 12.4$이므로 $82.5 \div 5 > 86.8 \div 7$입니다.
(2) $33.48 \div 4 = 8.37$, $105.6 \div 8 = 13.2$
$8.37 < 13.2$이므로 $33.48 \div 4 < 105.6 \div 8$입니다.

9 5는 9보다 작으므로 일의 자리에 0을 써야 하는데 쓰지 않아서 잘못되었습니다.

10 (한 칸의 넓이) $= 7.2 \div 5 = 1.44$ (cm²)
➡ (색칠된 부분의 넓이) $= 1.44 \times 2 = 2.88$ (cm²)

11 $106 \div \square = 25 \Rightarrow \square = 106 \div 25 = 4.24$

12
$$4\overline{)\begin{array}{r}6.0\ 5 \\ 2\ 4\ .\textcircled{\scriptsize ㉠} \\ \hline \boxed{\textcircled{\scriptsize ㉡}} \\ \textcircled{\scriptsize ㉠}\ 0 \\ \boxed{\textcircled{\scriptsize ㉢}} \\ \hline 0 \end{array}}$$

• ㉡ $= 4 \times 6 = 24$ • ㉢ $= 4 \times 5 = 20$
• ㉠0 $- 20 = 0$이므로 ㉠0 $= 20 \Rightarrow$ ㉠ $= 2$입니다.

13 몫이 가장 작은 나눗셈식을 만들려면 나누어지는 수는 가장 작게, 나누는 수는 가장 크게 해야 합니다.
➡ $123 \div 4 = 30.75$

14 어떤 소수를 $\square$라고 하면 $\square \times 7 = 17.15$이므로
$\square = 17.15 \div 7 = 2.45$입니다.
따라서 바르게 계산하면 $2.45 \div 7 = 0.35$입니다.

15 $50.56 \div 8 = 6.32$
$6.32 > 6.\square$이므로 $\square$ 안에 들어갈 수 있는 자연수는 1, 2, 3입니다.
따라서 $\square$ 안에 들어갈 수 있는 가장 큰 자연수는 3입니다.

16 ㉠ 대신 9, ㉡ 대신 4를 넣습니다.
$9 \blacklozenge 4 = 9 \div 4 \div 5 = 2.25 \div 5 = 0.45$

17 (길 한쪽에 심는 나무의 수) $= 16 \div 2 = 8$(그루)
(나무 사이의 간격 수) $= 8 - 1 = 7$(군데)
(나무 사이의 간격) $= 28.35 \div 7 = 4.05$ (m)

18 (빨간색 구슬 한 개의 무게) $= 1 \div 4 = 0.25$ (kg)
➡ (빨간색 구슬 3개의 무게) $= 0.25 \times 3 = 0.75$ (kg)
(파란색 구슬 3개의 무게) $= 6 - 0.75 = 5.25$ (kg)
➡ (파란색 구슬 한 개의 무게) $= 5.25 \div 3 = 1.75$ (kg)

서술형
19 예 $7.5 \div 3 = 2.5$
$2.5 = \square \div 6$이므로 $\square = 2.5 \times 6 = 15$입니다.

평가 기준	배점
나눗셈의 몫을 구했나요?	2점
□ 안에 알맞은 수를 구했나요?	3점

서술형
20 예 (기차가 1분 동안 달린 거리) $= 29.4 \div 6 = 4.9$ (km)
(자동차가 1분 동안 달린 거리)
$= 4.2 \div 4 = 1.05$ (km)
따라서 1분 동안 달린 기차와 자동차 사이의 거리는
$4.9 + 1.05 = 5.95$ (km)입니다.

평가 기준	배점
기차가 1분 동안 달린 거리를 구했나요?	2점
자동차가 1분 동안 달린 거리를 구했나요?	2점
1분 동안 달린 기차와 자동차 사이의 거리를 구했나요?	1점

4 비와 비율

수학의 중요한 주제 중 하나인 비와 비율은 실제로 우리 생활과 밀접하게 연계되어 있기 때문에 초등학교 수학에서 의미 있게 다루어질 필요가 있습니다. 학생들은 물건의 가격 비교, 요리 재료의 비율, 물건의 할인율, 야구 선수의 타율, 농구 선수의 자유투 성공률 등 일상생활의 경험을 통해 비와 비율에 대한 비형식적 지식을 가지고 있습니다. 이 단원에서는 두 양의 크기를 뺄셈(절대적 비교, 가법적 비교)과 나눗셈(상대적 비교, 승법적 비교) 방법으로 비교해 봄으로써 두 양의 관계를 이해하고 두 양의 크기를 비교하는 방법을 이야기하게 됩니다. 또 이를 통해 비의 뜻을 알고 두 수의 비를 기호를 사용하여 나타내고 실생활에서 비가 사용되는 상황을 살펴보면서 비를 구해 보는 활동을 전개합니다. 이어서 실생활에서 비율이 사용되는 간단한 상황을 통해 비율의 뜻을 이해하고 비율을 분수와 소수로 나타내어 보도록 한 후 백분율의 뜻을 이해하고 비율을 백분율로 나타내어 보고 실생활에서 백분율이 사용되는 여러 가지 경우를 알아보도록 합니다.

교과서 개념 이해 1 두 수를 뺄셈 또는 나눗셈으로 비교할 수 있어.
84쪽

1 (1) 3, 3, 3　(2) 3, 2 / 2

교과서 개념 이해 2 두 양의 관계가 변하지 않는 나눗셈으로 비교하자.
85쪽

1 (1) (위에서부터) 5, 9 / 9, 5 / 5, 9 / 5, 9
　(2) (위에서부터) 6, 11 / 11, 6 / 6, 11 / 6, 11

2 (1) 3, 4　(2) 3, 4　(3) 3, 4

2 (1) 주전자 수와 물병 수의 비는 물병 수가 기준이므로 3 : 4입니다.
　(2) 주전자 수의 물병 수에 대한 비는 물병 수가 기준이므로 3 : 4입니다.
　(3) 물병 수에 대한 주전자 수의 비는 물병 수가 기준이므로 3 : 4입니다.

교과서 개념 이해 3 기준량에 대한 비교하는 양의 크기를 수로 나타내면 비율이야.
86쪽

1 (1) $\dfrac{9}{10}$, 0.9

　(2) $\dfrac{3}{5}$, 0.6

2

11	5	$\dfrac{11}{5}\left(=2.2\right)$
9	20	$\dfrac{9}{20}\left(=0.45\right)$
3	4	$\dfrac{3}{4}\left(=0.75\right)$

2 · 11 : 5 ➡ (비율) $= \dfrac{11}{5} = 2.2$

· 9와 20의 비 ➡ (비율) $= \dfrac{9}{20} = 0.45$

· 4에 대한 3의 비 ➡ (비율) $= \dfrac{3}{4} = 0.75$

교과서 개념 이해 4 비율이 실생활에서 사용되는 경우를 알아보자.
87쪽

1 (1) $\dfrac{210}{2}$, 105

　(2) $\dfrac{9680000}{605}$, 16000

　(3) $\dfrac{9}{300}$, 3, 0.03

개념 적용 1 두 수 비교하기
88~89쪽

1 (1) ○　(2) ○　(3) ×

2 (1) (위에서부터) 32, 40 / 8, 10
　(2) 빨간색 종이, 12 / 18, 24, 30 / 4

3 (1) 뺄셈에 ○표, 13　(2) 나눗셈에 ○표, 2

4 5 / 3

5 (위에서부터) 24, 30 / 9, 12, 15 / 54개

6 예 뺄셈에 ○표 /
　예 백두산은 덕유산보다 약 1200 m 더 높습니다.

🐟 뺄셈에 ○표, 나눗셈에 ○표

1 (1) 우유 양과 물 양을 뺄셈으로 비교하면
$270 - 30 = 240$이므로 우유는 물보다 $240\,mL$
더 많습니다.

(2) 우유 양과 물 양을 나눗셈으로 비교하면
$270 \div 30 = 9$이므로 우유 양은 물 양의 9배입니다.

2 (2) • $8 - 2 = 6$, $16 - 4 = 12$, $24 - 6 = 18$,
$32 - 8 = 24$, $40 - 10 = 30$이므로 묶음 수에
따라 빨간색 종이는 초록색 종이보다 각각 6장, 12장,
18장, 24장, 30장 더 많습니다.

• $8 \div 2 = 4$, $16 \div 4 = 4$, $24 \div 6 = 4$,
$32 \div 8 = 4$, $40 \div 10 = 4$이므로 빨간색 종이 수
는 항상 초록색 종이 수의 4배입니다.

3 (1) $26 - 13 = 13$이므로 남학생이 여학생보다 13명 더
많습니다.

(2) $26 \div 13 = 2$이므로 남학생 수는 여학생 수의 2배입
니다.

4 • 포항과 서울의 기온을 뺄셈으로 비교하면 $7 - 2 = 5$
이므로 포항은 서울보다 5 ℃ 더 높습니다.

• 광주와 서울의 기온을 나눗셈으로 비교하면
$6 \div 2 = 3$이므로 광주 기온은 서울 기온의 3배입니다.

5 $6 \div 3 = 2$, $12 \div 6 = 2$, $18 \div 9 = 2$, $24 \div 12 = 2$,
$30 \div 15 = 2$, …이므로
과자 수는 항상 사탕 수의 2배입니다.
따라서 사탕이 27개일 때 과자는 $27 \times 2 = 54$(개)입니다.

☺ 내가 만드는 문제
6 (예) $2800 - 1600 = 1200$이므로 백두산은 덕유산보다
약 $1200\,m$ 더 높습니다.

✏️ 개념 적용 -2 비 알아보기

7 5, 3 / 5, 8

8 (1) (예) 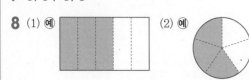 (2) (예)

9 4 : 2 / 6 : 2 / 7 : 3 / 3 : 3

10 ㉢ / (예) 3 : 4는 기준이 되는 수가 4이지만 4 : 3은 기
준이 되는 수가 3이므로 같은 비가 아닙니다.

11 5 : 7

➕ (왼쪽에서부터) $\frac{1}{5}$ / 3, 3 / $\frac{3}{15}$, $\frac{1}{5}$
/ 같습니다에 ○표

😊 **12** (예) ㉢ / 3 : 8

🐬 4 / 2

8 전체에 대한 색칠한 부분의 비 ➡ (색칠한 부분) : (전체)
전체 5칸 중 3칸을 색칠합니다.

9 세로에 대한 가로의 비는 세로가 기준이므로 세로를 기
호 :의 오른쪽에 씁니다.

11 검은 건반 수의 흰 건반 수에 대한 비는 흰 건반 수가 기
준이므로 5 : 7입니다.

☺ 내가 만드는 문제
12 (예) ㉢ 전체가 8칸, 색칠한 부분이 3칸입니다. 따라서 전
체에 대한 색칠한 부분의 비는 3 : 8입니다.

✏️ 개념 적용 -3 비율 알아보기

13 3, 10 / $\frac{3}{10}$, 0.3

14 $\frac{1}{6}$, $\frac{1}{3}$, $\frac{1}{2}$ / 높아집니다에 ○표

15 ㉡, ㉢

16 (1) (예) (2) (예)

17 (1) $\frac{6}{10}\left(\frac{3}{5} = 0.6\right)$ (2) $\frac{8}{12}\left(= \frac{2}{3}\right)$ (3) 수학

😊 **18** (예) 2 : 5

🐬
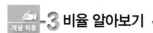

3 : 4	6 : 8
$\frac{3}{4}$	$\frac{6}{8} = \frac{3}{4}$

13 전체 거리는 기준량이고, 간 거리는 비교하는 양입니다.

14 단위분수는 분모가 작을수록 더 큽니다.

15 $15 : 20$ ➡ (비율) $= \frac{15}{20} = \frac{3}{4} = 0.75$

16 (1) 전체에 대한 색칠한 부분의 비율이 $\frac{3}{4}$이므로 전체 4칸 중 3칸을 색칠하면 됩니다.

(2) 전체에 대한 색칠한 부분의 비율이 $\frac{3}{4}=\frac{6}{8}$이므로 전체 8칸 중 6칸을 색칠하면 됩니다.

17 (1) 전체 문제 수에 대한 맞힌 문제 수의 비 ➡ 6 : 10

➡ (비율)$=\frac{6}{10}=\frac{3}{5}=0.6$

(2) 전체 문제 수에 대한 맞힌 문제 수의 비 ➡ 8 : 12

➡ (비율)$=\frac{8}{12}=\frac{2}{3}$

(3) $\frac{6}{10}=\frac{36}{60}$, $\frac{8}{12}=\frac{40}{60}$이므로 $\frac{36}{60}<\frac{40}{60}$입니다.

따라서 수학 성적이 더 높습니다.

😊 내가 만드는 문제
18 비율이 1보다 작으려면 비교하는 양이 기준량보다 작아야 합니다.

94~95쪽

개념 적용 -4 비율이 사용되는 경우 알아보기

19 $\frac{23}{180}$, $\frac{47}{210}$

20 (1) 350, 200   (2) 영국

21 (1) 0.8   (2) 0.8

22 $\frac{1}{4}$, $\frac{1}{3}$ **23** 가

😊
24 예 300 / 60, 예 $\frac{1}{6}$

🐟 (왼쪽에서부터) $\frac{10}{500}$, 0.02 / $\frac{10}{100}$, 0.1 / $\frac{50}{500}$, 0.1

---

19 (딸기우유의 우유 양에 대한 시럽 양의 비율)

$=\frac{(\text{시럽 양})}{(\text{우유 양})}=\frac{23}{180}$

(초코우유의 우유 양에 대한 시럽 양의 비율)

$=\frac{(\text{시럽 양})}{(\text{우유 양})}=\frac{47}{210}$

20 (1) (영국의 넓이에 대한 인구의 비율)

$=\frac{(\text{인구})}{(\text{넓이})}=\frac{70000000}{200000}=350$

(독일의 넓이에 대한 인구의 비율)

$=\frac{(\text{인구})}{(\text{넓이})}=\frac{80000000}{400000}=200$

---

(2) 비율이 더 높은 나라는 영국이므로 인구가 더 밀집한 나라는 영국입니다.

21 (1) (연주의 키와 그림자 길이의 비율)

$=1.6÷2=0.8$

(2) (나무 높이와 그림자 길이의 비율)

$=3.2÷4=0.8$

22 (진경이의 공을 찬 횟수에 대한 공을 넣은 횟수의 비율)

$=\frac{(\text{공을 넣은 횟수})}{(\text{공을 찬 횟수})}=\frac{6}{24}=\frac{1}{4}$

(윤아의 공을 찬 횟수에 대한 공을 넣은 횟수의 비율)

$=\frac{(\text{공을 넣은 횟수})}{(\text{공을 찬 횟수})}=\frac{7}{21}=\frac{1}{3}$

23 (가 버스의 걸리는 시간에 대한 간 거리의 비율)

$=\frac{(\text{거리})}{(\text{시간})}=\frac{288}{2}=144$

(나 버스의 걸리는 시간에 대한 간 거리의 비율)

$=\frac{(\text{거리})}{(\text{시간})}=\frac{306}{3}=102$

144 > 102이므로 걸리는 시간에 대한 간 거리의 비율이 더 높은 버스는 가 버스입니다.

😊 내가 만드는 문제
24 (가 병의 꿀물 양)$=500+50=550\,(\text{mL})$

➡ (가 병의 꿀물 양에 대한 꿀 양의 비율)

$=\frac{(\text{꿀 양})}{(\text{꿀물 양})}=\frac{50}{550}=\frac{1}{11}$

예 (나 병의 꿀물 양)$=300+60=360\,(\text{mL})$

➡ (나 병의 꿀물 양에 대한 꿀 양의 비율)

$=\frac{(\text{꿀 양})}{(\text{꿀물 양})}=\frac{60}{360}=\frac{1}{6}$

교과서 개념 이해 5 백분율은 비율의 분모를 100으로 만들면 돼.

96쪽

1 (왼쪽에서부터) 72, 72, 72

2 (1) 17, 17   (2) 16, 64, 64

교과서 개념 이해 6 백분율이 실생활에서 사용되는 경우를 알아보자.

97쪽

1 (1) $\frac{700}{5000}$, 14   (2) $\frac{171}{300}$, 57

(3) $\frac{130}{520}$, 25

1 (1) (할인 금액) $= 5000 - 4300 = 700$(원)

(식빵의 할인율) $= \dfrac{(\text{할인 금액})}{(\text{원래 가격})} \times 100$

$= \dfrac{700}{5000} \times 100 = 14$ (%)

(2) (승규의 득표율) $= \dfrac{(\text{득표수})}{(\text{전체 투표수})} \times 100$

$= \dfrac{171}{300} \times 100 = 57$ (%)

(3) (소금물의 진하기) $= \dfrac{(\text{소금 양})}{(\text{소금물 양})} \times 100$

$= \dfrac{130}{520} \times 100 = 25$ (%)

---

3 $4 : 25 \Rightarrow$ (비율) $= \dfrac{4}{25} \Rightarrow \dfrac{4}{25} \times 100 = 16$ (%)

32의 100에 대한 비

$\Rightarrow$ (비율) $= \dfrac{32}{100} \Rightarrow \dfrac{32}{100} = 32$ %

20에 대한 7의 비

$\Rightarrow$ (비율) $= \dfrac{7}{20} \Rightarrow \dfrac{7}{20} \times 100 = 35$ (%)

4 (1) $\dfrac{1}{4} = \dfrac{25}{100} = 25$ % $\Rightarrow$ 35 % ⟩ 25 %

(2) $0.26 = \dfrac{26}{100} = 26$ % $\Rightarrow$ 26 % ⟨ 72 %

5 ・50 % $= \dfrac{50}{100} = \dfrac{1}{2} = \dfrac{1 \times 15}{2 \times 15} = \dfrac{15}{30}$ 이므로

기준량의 50 %인 막대 길이는 15 cm입니다.

・300 % $= \dfrac{300}{100} = \dfrac{3}{1} = \dfrac{3 \times 30}{1 \times 30} = \dfrac{90}{30}$ 이므로

기준량의 300 %인 막대 길이는 90 cm입니다.

😊 내가 만드는 문제

6 ㉔ 전체에 대한 색칠한 부분의 비율은 $\dfrac{7}{25}$ 이므로 백분율로 나타내면 $\dfrac{7}{25} \times 100 = 28$ (%)입니다.

개념 적용 **5 백분율 알아보기** ___ 98~99쪽

1 (1) 25, 25, 75, 75 (2) 100, 75

2 (1) 90 % (2) 50 %

3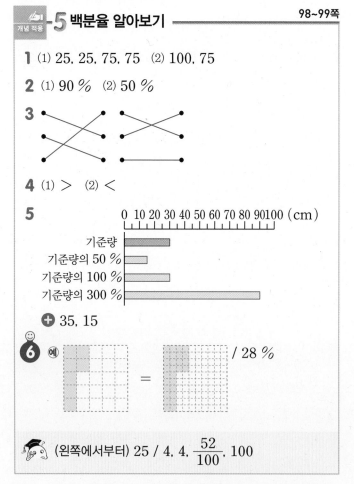

4 (1) > (2) <

5

➕ 35, 15

6 ㉔ / 28 %

🎓 (왼쪽에서부터) 25 / 4, 4, $\dfrac{52}{100}$, 100

2 (1) 전체 10칸에 대한 색칠한 9칸의 비율은 $\dfrac{9}{10}$ 입니다.

$\Rightarrow \dfrac{9}{10} \times 100 = 90$ (%)

(2) 전체 8칸에 대한 색칠한 4칸의 비율은 $\dfrac{4}{8} = \dfrac{1}{2}$ 입니다.

$\Rightarrow \dfrac{1}{2} \times 100 = 50$ (%)

개념 적용 **6 백분율이 사용되는 경우 알아보기** ___ 100~101쪽

7 15 %

8 (1) 65 %, 68 % (2) 가람

9 (위에서부터) 175 / 40, 50, 10

➕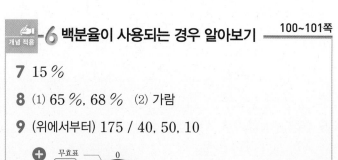

10 320명   **11** 박물관

😊 **12** ㉔ 10 / ㉔ 10 %

🎓 (위에서부터) $\dfrac{480}{300}$, 160 / $\dfrac{600}{300}$, 200

2 띠 모양으로 나타내면 띠그래프야.   112쪽

1 (1) 40 / 7, 28 / 3, 12

(2) 좋아하는 운동별 학생 수

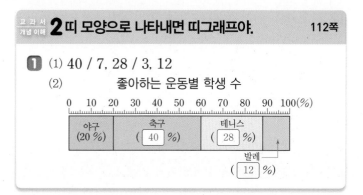

1 (1) 비율에 100을 곱해서 나온 값에 기호 %를 붙이면 백분율이 됩니다.

3 각 항목의 백분율의 크기만큼 띠를 나누자.   113쪽

1 (1) 10, 30, 20, 100

(2) 예   여행 가고 싶은 지역별 학생 수

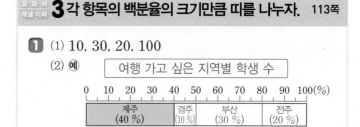

1 (1) 경주: $\dfrac{15}{150} \times 100 = 10$ (%),

부산: $\dfrac{45}{150} \times 100 = 30$ (%),

전주: $\dfrac{30}{150} \times 100 = 20$ (%)

(2) 띠그래프로 나타내는 방법

① 각 항목이 차지하는 백분율의 크기만큼 선을 그어 띠를 나눕니다.

② 나눈 부분에 각 항목의 내용과 백분율을 씁니다.

③ 띠그래프의 제목을 씁니다. 이때 제목은 표의 제목과 같게 써도 됩니다.

1 그림그래프로 나타내기   114~115쪽

1 대구·부산·울산·경상 권역에 ○표, 96만 대

2 서울·인천·경기 권역, 대전·세종·충청 권역

3 56만 대

4 3200, 5200, 3600, 4300

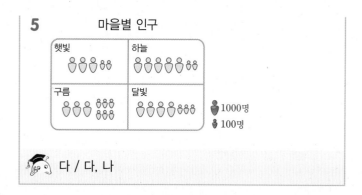

🎓 다 / 다, 나

1 대구·부산·울산·경상 권역이 큰 그림의 수가 9개로 가장 많습니다.

🗄️가 9개, 🗄️가 6개이므로 에어컨 판매량은 96만 대입니다.

2 서울·인천·경기 권역의 에어컨 판매량은 54만 대이고, 대전·세종·충청 권역의 에어컨 판매량도 54만 대입니다.

3 광주·전라 권역의 에어컨 판매량은 88만 대이고, 제주 권역의 에어컨 판매량은 32만 대입니다.

➡ 88만 − 32만 = 56만 (대)

4 햇빛: 31<u>5</u>1 → 3200,   하늘: 52<u>1</u>2 → 5200,
구름: 36<u>2</u>5 → 3600,   달빛: 42<u>5</u>1 → 4300

5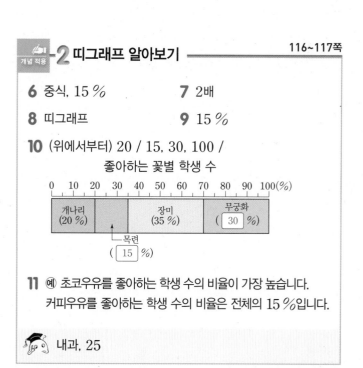

2 띠그래프 알아보기   116~117쪽

6 중식, 15 %   **7** 2배

8 띠그래프   **9** 15 %

10 (위에서부터) 20 / 15, 30, 100 /

좋아하는 꽃별 학생 수

0	10	20	30	40	50	60	70	80	90	100(%)

개나리 (20 %) / 목련 (15 %) / 장미 (35 %) / 무궁화 (30 %)

11 예 초코우유를 좋아하는 학생 수의 비율이 가장 높습니다.
커피우유를 좋아하는 학생 수의 비율은 전체의 15 %입니다.

🎓 내과, 25

6 띠그래프에서 띠의 길이가 가장 짧은 항목은 중식입니다. 따라서 가장 적은 학생이 좋아하는 음식 종류는 중식이고 전체의 15 %입니다.

7 (양식이 차지하는 백분율)÷(중식이 차지하는 백분율)
$= 30 \div 15 = 2$(배)

9 백분율의 합계는 100 %이고
$100 - (20 + 55 + 10) = 15$이므로 독일의 노벨상 수상자 수는 전체의 15 %입니다.

10 (전체 학생 수) $= 4 + 3 + 7 + 6 = 20$(명)
목련: $\dfrac{3}{20} \times 100 = 15$ (%),
무궁화: $\dfrac{6}{20} \times 100 = 30$ (%)

11 작은 눈금 한 칸의 크기는 5 %이므로 초코우유는 40 %, 커피우유는 15 %, 바나나우유는 25 %, 딸기우유는 20 %입니다.

개념 적용 -3 띠그래프로 나타내기 118~119쪽

12 (위에서부터) 72, 45, 21, 300 / 18, 7, 100

13 예

가고 싶은 산별 학생 수

| 0 10 20 30 40 50 60 70 80 90 100(%) |
| 한라산(36 %) | 설악산(24 %) | 지리산(18 %) | 금강산(15 %) | 기타(7 %) |

➕ 18

14 한라산

15 25, 20, 100 /

생활비의 쓰임새별 금액

| 0 10 20 30 40 50 60 70 80 90 100(%) |
| 식비(35 %) | 공과금(25 %) | 저금(20 %) | 교육비(10 %) | 기타(10 %) |

16 예

아침 식사별 학생 수

아침 식사	빵	밥	시리얼	기타	합계
학생 수(명)	25	15	35	25	100
백분율(%)	25	15	35	25	100

예
아침 식사별 학생 수

| 0 10 20 30 40 50 60 70 80 90 100(%) |
| 빵(25 %) | 밥(15 %) | 시리얼(35 %) | 기타(25 %) |

 25

12 학생 수를 먼저 쓴 다음 전체 학생 수를 구하고 백분율을 구합니다.
지리산: $\dfrac{54}{300} \times 100 = 18$ (%),
기타: $\dfrac{21}{300} \times 100 = 7$ (%)

13 띠그래프의 작은 눈금 한 칸은 1%를 나타냅니다.

14 띠그래프에서 띠의 길이가 가장 긴 항목은 한라산입니다. 따라서 가장 많은 학생이 가고 싶은 산은 한라산입니다.

15 저금이 교육비의 2배이므로 저금의 백분율은 20 %입니다. 백분율의 합계는 100 %이므로 공과금의 백분율은
$100 - (35 + 20 + 10 + 10) = 25$ (%)입니다.

교과서 개념 이해 4 원 모양으로 나타내면 원그래프야. 120쪽

1 (1) 30 / 40, 20 / 50, 25
(2) 좋아하는 색깔별 학생 수

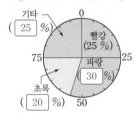

1 (1) 백분율을 구하려면 비율에 100을 곱해서 나온 값에 기호 %를 붙이면 됩니다.

교과서 개념 이해 5 각 항목의 백분율의 크기만큼 원을 나누자. 121쪽

1 (1) 40, 25, 20, 100
(2) 예 좋아하는 채소별 학생 수

1 (1) 당근: $\dfrac{80}{200} \times 100 = 40$ (%),
감자: $\dfrac{50}{200} \times 100 = 25$ (%),
호박: $\dfrac{40}{200} \times 100 = 20$ (%)
(합계) $= 15 + 40 + 25 + 20 = 100$ (%)

(2) 원그래프로 나타내는 방법
　① 각 항목이 차지하는 백분율의 크기만큼 선을 그어
　　원을 나눕니다.
　② 나눈 부분에 각 항목의 내용과 백분율을 씁니다.
　③ 원그래프의 제목을 씁니다. 이때 제목은 표의 제목
　　과 같게 써도 됩니다.

6 그래프의 비율로 여러 가지 사실을 알 수 있어.　122쪽

① (1) ○　(2) ×　(3) ○　(4) ×

① (1) 가장 많은 학생이 가고 싶은 나라는 띠의 길이가 가장
　　긴 미국입니다.
　(2) 가장 적은 학생이 가고 싶은 나라는 띠의 길이가 가장
　　짧은 중국입니다.
　(3) $25 + 20 = 45(\%)$
　(4) $30 \div 20 = 1.5(배)$

7 각 그래프의 특징을 비교해 보자.　123쪽

① 띠그래프, 원그래프에 ○표

개념적용 -4 원그래프 알아보기　124~125쪽

1 16%　　　　**2** 짜장면, 17%

3 2배　　　　　**4** (1) ○　(2) ×　(3) ×

5 5명

🐬 성적, 30

2 원그래프에서 나타내는 부분이 가장 좁은 항목은 짜장면
입니다. 따라서 가장 적은 학생이 좋아하는 음식은 짜장
면이고 전체의 17%입니다.

3 $34 \div 17 = 2(배)$

4 (2) 백분율의 합계는 100%이고
　　$100 - (10 + 25 + 45) = 20$이므로 수영장에 가
　　고 싶은 학생 수는 전체의 20%입니다.

5 해금을 배우고 싶어 하는 학생이 20%이므로 해금을 배
우고 싶어 하는 학생은 $25 \times \dfrac{20}{100} = 5(명)$입니다.

개념적용 -5 원그래프로 나타내기　126~127쪽

6 15, 20, 30, 100 / 태어난 계절별 학생 수

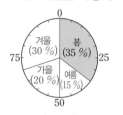

7 (위에서부터) 120, 60 / 30, 25, 100

8 좋아하는 분식 종류별 학생 수

9 25, 25, 100 / 하고 싶은 민속놀이별 학생 수

10 예　성씨별 사람 수　　　　　/

성씨	사람 수(명)	백분율(%)
김씨	7	35
이씨	4	20
박씨	3	15
기타	6	30
합계	20	100

성씨별 사람 수

 30

6 여름: $\dfrac{30}{200} \times 100 = 15\,(\%)$,

가을: $\dfrac{40}{200} \times 100 = 20\,(\%)$,

겨울: $\dfrac{60}{200} \times 100 = 30\,(\%)$

(합계) $= 35 + 15 + 20 + 30 = 100\,(\%)$

7 전체 학생 수에 대한 좋아하는 분식별 학생 수의 백분율을 구합니다.

떡볶이: $\dfrac{120}{400} \times 100 = 30\,(\%)$,

튀김: $\dfrac{100}{400} \times 100 = 25\,(\%)$

9 백분율의 합계가 $100\,\%$이므로 윷놀이와 투호의 백분율은 $100 - (20 + 30) = 50\,(\%)$입니다. 윷놀이와 투호의 백분율이 같으므로 각각 $25\,\%$입니다.

☺ 내가 만드는 문제
10 예 전체 사람 수에 대한 성씨별 사람 수의 백분율을 구합니다.

김씨: $\dfrac{7}{20} \times 100 = 35\,(\%)$,

이씨: $\dfrac{4}{20} \times 100 = 20\,(\%)$,

박씨: $\dfrac{3}{20} \times 100 = 15\,(\%)$,

기타: $\dfrac{6}{20} \times 100 = 30\,(\%)$

⚙ 6 그래프 해석하기 128~129쪽

11 과학자, $36\,\%$ **12** 27명

13 $12\,\%$ **14** 냉장고

15 공기청정기, 컴퓨터

16 (1) 새우, 조개 (2) 1.5

17 예 쇼핑의 2배만큼을 저금합니다.
용돈이 10000원이라면 4000원을 저금합니다.

🐟 100, 100

11 띠의 길이가 가장 긴 항목은 과학자이고 $36\,\%$입니다.

12 과학자가 되고 싶은 학생 수는 선생님이 되고 싶은 학생 수의 $36 \div 12 = 3$(배)이므로 과학자가 되고 싶은 학생은 $9 \times 3 = 27$(명)입니다.

---

14 $35 > 30 > 14 > 11 > 10$이므로 전력 사용량이 두 번째로 많은 가전제품은 냉장고입니다.

15 가 마을의 공기청정기와 나 마을의 컴퓨터의 전력 사용량의 비율은 $14\,\%$로 같습니다.

16 (2) 12월의 새우 판매량의 비율은 $45\,\%$이고 4월의 새우 판매량의 비율은 $30\,\%$입니다.
➡ $45 \div 30 = 1.5$(배)

⚙ 7 여러 가지 그래프 비교하기 130~131쪽

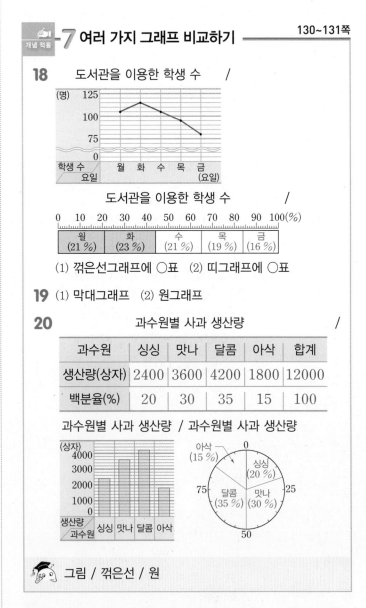

18 도서관을 이용한 학생 수 /

도서관을 이용한 학생 수 /

월 (21 %)	화 (23 %)	수 (21 %)	목 (19 %)	금 (16 %)

(1) 꺾은선그래프에 ○표 (2) 띠그래프에 ○표

19 (1) 막대그래프 (2) 원그래프

20 과수원별 사과 생산량 /

과수원	싱싱	맛나	달콤	아삭	합계
생산량(상자)	2400	3600	4200	1800	12000
백분율(%)	20	30	35	15	100

과수원별 사과 생산량 / 과수원별 사과 생산량

🐟 그림 / 꺾은선 / 원

19 (1) 키와 같이 연속적으로 변화하는 양을 나타낼 때에는 막대그래프와 꺾은선그래프가 알맞습니다.

1 30 %

2 가고 싶은 장소별 학생 수

3 좋아하는 간식별 학생 수

4 76, 60, 44, 20, 200   **5** 38, 30, 22, 10, 100

6 마을별 학생 수

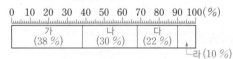

마을별 학생 수

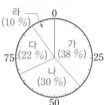

7 25 %   **8** 15명

9 8명   **10** 3배

11 $\dfrac{5}{4}\left(=1\dfrac{1}{4}\right)$배

12 ⓔ 쌀 생산량의 비율은 매년 줄어들고 있습니다.
밀 생산량의 비율은 매년 늘어나고 있습니다.

13 160명   **14** 88명

15 312 km²   **16** 4배

17 48명   **18** 120명

---

1 100 − (35 + 20 + 15) = 30이므로 박물관에 가고 싶은 학생 수는 전체의 30 %입니다.

2 각 항목이 차지하는 백분율의 크기만큼 원을 나눕니다.

3 햄버거를 좋아하는 학생 수의 백분율은
100 − (30 + 25 + 20 + 15) = 10 (%)입니다.

5 가: $\dfrac{76}{200} \times 100 = 38$ (%),

나: $\dfrac{60}{200} \times 100 = 30$ (%),

다: $\dfrac{44}{200} \times 100 = 22$ (%),

라: $\dfrac{20}{200} \times 100 = 10$ (%)

7 영화 관람이 나타내는 백분율은
100 − (30 + 20 + 15 + 10) = 25 (%)입니다.

8 영화 관람을 하고 싶은 학생은 60명 중 25 %이므로
$60 \times \dfrac{25}{100} = 15$(명)입니다.

9 볼펜을 사용하는 학생 수의 백분율은
100 − (40 + 30 + 10) = 20 (%)입니다.
볼펜을 사용하는 학생은 40명 중 20 %이므로
$40 \times \dfrac{20}{100} = 8$(명)입니다.

10 2022년의 딸기 생산량의 백분율은 30 %이고, 배 생산량의 백분율은 10 %이므로 딸기 생산량은 배 생산량의 3배입니다.

11 2020년의 딸기 생산량의 백분율은 24 %이고 2022년의 딸기 생산량의 백분율은 30 %입니다.
2022년의 딸기 생산량은 2020년의 딸기 생산량의
$30 \div 24 = \dfrac{30}{24} = \dfrac{5}{4}\left(=1\dfrac{1}{4}\right)$(배)입니다.

12 보리의 생산량의 비율은 증가했다가 다시 감소했습니다.

13 6학년 학생 수의 백분율은 20 %이므로 6학년 학생은
$800 \times \dfrac{20}{100} = 160$(명)입니다.

14 6학년 학생 160명 중 여학생 수의 백분율은
100 − 45 = 55 (%)이므로 6학년 여학생은
$160 \times \dfrac{55}{100} = 88$(명)입니다.

15 토지의 넓이 3000 km² 중 농경지는
$3000 \times \dfrac{40}{100} = 1200$ (km²)입니다.
농경지 1200 km² 중 과수원은
$1200 \times \dfrac{26}{100} = 312$ (km²)입니다.

16 (복지 시설 백분율) ÷ (지역 행사 백분율)
= 40 ÷ 10 = 4(배)

17 복지 시설에 참여한 학생 수는 지역 행사에 참여한 학생 수의 4배이므로 복지 시설에 참여한 학생은 $12 \times 4 = 48$(명)입니다.

18 지역 행사에 참여한 학생 수의 백분율 10 %가 12명이므로 전체 학생은 $12 \times 10 = 120$(명)입니다.

5단원 · 단원 평가
135~137쪽

1 3개, 1개

2 마을별 옥수수 수확량

1000 kg · 100 kg

3 검은색

4 100 %

5 ㉢, ㉠, ㉣, ㉤

6 20, 15, 35, 100

7 가고 싶은 축제별 학생 수

```
0  10  20  30  40  50  60  70  80  90  100(%)
┌──────────┬──────┬───┬────────────┐
│벚꽃 축제  │불꽃 축제│   │  별빛 축제  │
│ (30 %)   │(20 %)│   │  (35 %)    │
└──────────┴──────┴───┴────────────┘
         얼음 축제(15 %)
```

8 65 %

9 30 %

10 2배

11 100가구

12 ㉡, ㉠, ㉢

13 30, 25, 35, 10, 100

14 학교별 학생 수

```
0  10  20  30  40  50  60  70  80  90  100(%)
┌──────────┬──────────┬──────────────┐
│ 초등학교  │ 중학교   │  고등학교     │
│ (30 %)   │ (25 %)  │  (35 %)      │
└──────────┴──────────┴──────────────┘
                     대학교(10 %)
```

15 학교별 학생 수

16 종류별 판매량

17 17개

18 18명

19 100명

20 1.2배

---

1 3100은 큰 그림 3개, 작은 그림 1개로 나타냅니다.

2 마을별로 1000 kg은 큰 그림으로, 100 kg은 작은 그림으로 나타냅니다.

4 $35 + 25 + 30 + 10 = 100 (\%)$

5 원그래프의 제목은 먼저 써도 됩니다.

8 $30 + 35 = 65 (\%)$

9 백분율의 합계는 100 %이고 $100 - (40 + 20 + 10) = 30$이므로 고양이를 키우는 가구 수는 전체의 30 %입니다.

10 개를 키우는 가구 수는 전체의 40 %이고, 토끼를 키우는 가구 수는 전체의 20 %이므로 $40 \div 20 = 2$(배)입니다.

11 고양이를 키우는 가구 수의 백분율 30 %가 30가구이므로 전체 비율 100 %는 100가구입니다. 따라서 전체 가구 수는 100가구입니다.

12 표를 보면 각 항목의 수량과 합계를 바로 알 수 있습니다. 꺾은선그래프는 각 자료의 수를 점으로 표시하고 그 점들을 선분으로 이어 나타냅니다. 띠그래프는 전체에 대한 각 부분의 비율을 띠 모양에 나타냅니다.

13 (혁수네 마을의 전체 학생 수)
$= 90 + 75 + 105 + 30 = 300$(명)
초등학교: $\dfrac{90}{300} \times 100 = 30 (\%)$,
중학교: $\dfrac{75}{300} \times 100 = 25 (\%)$,
고등학교: $\dfrac{105}{300} \times 100 = 35 (\%)$,
대학교: $\dfrac{30}{300} \times 100 = 10 (\%)$

15 원의 중심에서 원의 둘레 위에 표시된 눈금까지 선을 그어야 합니다.

16 농구용품 판매량이 수영용품 판매량의 3배이므로 수영용품 판매량은 농구용품 판매량의 $\dfrac{1}{3}$배입니다.
따라서 농구용품 판매량의 백분율이 30 %이므로 수영용품 판매량의 백분율은 $30 \times \dfrac{1}{3} = 10 (\%)$입니다.

17 축구용품 판매량의 백분율은 수영용품 판매량의 백분율의 $20 \div 10 = 2$(배)입니다.
따라서 수영용품은 $34 \div 2 = 17$(개) 팔렸습니다.

18 처음에 등교 시간이 10분 미만인 학생 수는

$50 \times \dfrac{30}{100} = 15$(명)이었으므로 3명이 늘어나면 학생

수는 $15 + 3 = 18$(명)이 됩니다.

^{서술형}
19 예 $100 - (35 + 30 + 10) = 25$이므로 케이크를 좋아
하는 학생 수의 백분율은 25 %입니다. 케이크를 좋아하
는 학생은 400명 중 25 %이므로

$400 \times \dfrac{25}{100} = 100$(명)입니다.

평가 기준	배점
케이크를 좋아하는 학생 수의 백분율을 구했나요?	3점
케이크를 좋아하는 학생은 몇 명인지 구했나요?	2점

^{서술형}
20 예 콜라를 좋아하는 학생 수는 전체의 30 %이고, 주스
를 좋아하는 학생 수는 전체의 25 %이므로 콜라를 좋아
하는 학생 수는 주스를 좋아하는 학생 수의

$30 \div 25 = 1.2$(배)입니다.

평가 기준	배점
콜라와 주스를 좋아하는 학생 수의 백분율을 각각 구했나요?	2점
콜라를 좋아하는 학생 수는 주스를 좋아하는 학생 수의 몇 배인지 소수로 나타냈나요?	3점

직육면체의 부피와 겉넓이

일상생활에서 물건의 부피나 겉넓이를 정확히 재는 상황이
흔하지는 않습니다. 그러나 물건의 부피나 겉넓이를 어림해
야 하는 상황은 생각보다 자주 발생합니다. 학생들이 쉽게
접할 수 있는 상황을 예로 들면 선물을 포장할 때 선물의 부
피를 생각하여 겉넓이를 어림하면 포장지의 양을 정할 수 있
습니다. 뿐만 아니라 부피와 겉넓이 공식을 학생들이 이미
학습한 넓이의 공식을 이용해서 충분히 유추해 낼 수 있는
만큼 학생들에게 충분한 추론의 기회를 제공할 수 있습니다.
이 단원에서 부피 공식을 유도하는 과정은 넓이 공식을 유도
하는 과정과 매우 흡사하므로, 5학년에서 배운 내용을 상기
시키고 이를 잘 활용하여 유추적 사고를 할 수 있도록 합니
다. 직육면체의 겉넓이 개념은 3차원에서의 2차원 탐구인
만큼 학생들이 어려워하는 주제이므로 구체물을 활용하여
충분히 겉넓이 개념을 익히고, 이를 바탕으로 겉넓이 공식을
다양한 방법으로 유도하도록 합니다.

^{교과서 개념 이해} 1 어떤 물건이 공간에서 차지하는 크기가 부피야. _{140~141쪽}

1 가, 나

2 다

3 (1) 32, 24 (2) 가

4 (1) 36개, 24개 (2) 가

2 직접 맞대어 부피를 비교하려면 가로, 세로, 높이 중에서
두 종류 이상의 길이가 같아야 합니다. 주어진 상자와 상
자 다는 가로와 높이가 각각 같으므로 부피를 비교할 수
있습니다.

3 (1) 가는 쌓기나무를 8개씩 4층으로 쌓았으므로
$8 \times 4 = 32$(개)이고, 나는 쌓기나무를 12개씩 2층으
로 쌓았으므로 $12 \times 2 = 24$(개)입니다.

(2) $32 > 24$이므로 부피가 더 큰 직육면체는 가입니다.

4 (1) 상자 가에는 쌓기나무를 18개씩 2층으로 담을 수 있
으므로 $18 \times 2 = 36$(개) 담을 수 있습니다.
상자 나에는 쌓기나무를 8개씩 3층으로 담을 수 있으
므로 $8 \times 3 = 24$(개) 담을 수 있습니다.

(2) 상자 가에 쌓기나무를 더 많이 담을 수 있으므로 부피
가 더 큰 상자는 가입니다.

교과서 개념이해 2 (가로)×(세로)는 밑면의 넓이,
(가로)×(세로)×(높이)는 부피야. 142쪽

1 2, 2, 3, 2, 3, 4 / 2, 3, 4, 24 / 2, 3, 4, 24

교과서 개념이해 3 큰 부피를 재려면 m^3의 단위가 필요해. 143쪽

1 (1) cm^3에 ○표   (2) m^3에 ○표

2 (1) 3, 6, 36   (2) 500, 300, 200 / 30000000, 30

교과서 개념이해 4 여섯 면의 넓이를 모두 더하면 직육면체의
겉넓이야. 144~145쪽

1 10, 10

2 (1) 54, 36, 24, 36, 24, 54
　　(2) 54, 36, 24, 36, 24, 54, 228
　　(3) 54, 30, 228
　　(4) 54, 36, 24, 228

3 (1) 20, 5, 4, 5, 4 / 148   (2) 21, 15, 35 / 142

4 (1) 81, 6, 486   (2) 8, 8, 6, 384

교과 적용 1 직육면체의 부피 비교하기 146~147쪽

1 ✕ (선 연결)

2 (1) >   (2) <

3 나

4 가, 나, 다

5

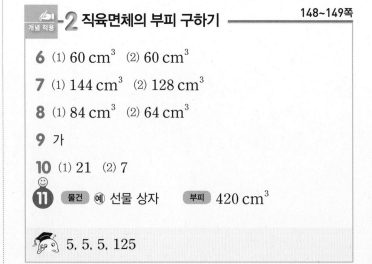

　예 (5 cm, 2 cm, 2 cm 직육면체)
　예 (5 cm, 2 cm, 4 cm 직육면체)

🐟 나에 ○표

1 직접 맞대어 부피를 비교하려면 가로, 세로, 높이 중에서
두 종류 이상의 길이가 같아야 합니다.

---

2 (1) 가는 쌓기나무를 4개씩 5층으로 쌓았으므로
　　$4 \times 5 = 20$(개)이고, 나는 쌓기나무를 6개씩 3층으
　　로 쌓았으므로 $6 \times 3 = 18$(개)입니다.
　　따라서 (가의 부피) > (나의 부피)입니다.

　(2) 가는 쌓기나무를 9개씩 5층으로 쌓았으므로
　　$9 \times 5 = 45$(개)이고, 나는 쌓기나무를 16개씩 4층으
　　로 쌓았으므로 $16 \times 4 = 64$(개)입니다.
　　따라서 (가의 부피) < (나의 부피)입니다.

3 상자 가에는 지우개를 9개씩 2층으로 담을 수 있으므로
$9 \times 2 = 18$(개)를 담을 수 있고, 상자 나에는 지우개를
6개씩 4층으로 담을 수 있으므로 $6 \times 4 = 24$(개)를 담
을 수 있습니다.
따라서 18<24이므로 부피가 더 큰 상자는 나입니다.

4 상자 가에는 쌓기나무를 6개씩 3층으로 담을 수 있으므
로 $6 \times 3 = 18$(개)를 담을 수 있습니다.
상자 나에는 쌓기나무를 4개씩 5층으로 담을 수 있으므
로 $4 \times 5 = 20$(개)를 담을 수 있습니다.
상자 다에는 쌓기나무를 12개씩 2층으로 담을 수 있으므
로 $12 \times 2 = 24$(개)를 담을 수 있습니다.
따라서 상자의 부피를 비교하면 가<나<다입니다.

😊 내가 만드는 문제
5 가로, 세로, 높이 중에서 두 종류를 같게 하고, 나머지 하
나를 짧게 그리면 주어진 부피보다 작아지고, 나머지 하
나를 길게 그리면 주어진 부피보다 커집니다.

교과 적용 2 직육면체의 부피 구하기 148~149쪽

6 (1) $60\,cm^3$ (2) $60\,cm^3$

7 (1) $144\,cm^3$ (2) $128\,cm^3$

8 (1) $84\,cm^3$ (2) $64\,cm^3$

9 가

10 (1) 21   (2) 7

😊
11 물건 예 선물 상자   부피 $420\,cm^3$

🐟 5, 5, 5, 125

6 (1) 부피가 $1\,cm^3$인 쌓기나무가 $3 \times 4 \times 5 = 60$(개)이
므로 부피는 $60\,cm^3$입니다.

　(2) 부피가 $1\,cm^3$인 쌓기나무가 $5 \times 4 \times 3 = 60$(개)이
므로 부피는 $60\,cm^3$입니다.

7 직육면체의 부피는 (한 밑면의 넓이)×(높이)를 이용하여 구할 수 있습니다.

(1) $48 \times 3 = 144 \, (\text{cm}^3)$ (2) $32 \times 4 = 128 \, (\text{cm}^3)$

8 (1) $7 \times 3 \times 4 = 84 \, (\text{cm}^3)$

(2) $4 \times 4 \times 4 = 64 \, (\text{cm}^3)$

9 가: $4 \times 10 \times 13 = 520 \, (\text{cm}^3)$

나: $8 \times 5 \times 6 = 240 \, (\text{cm}^3)$

따라서 부피가 더 큰 직육면체는 가입니다.

10 (1) □×6=126이므로 □=126÷6=21입니다.

(2) □×9×6=378이므로 □×54=378,

□=378÷54=7입니다.

☺ 내가 만드는 문제

⑪ 예 (선물 상자의 부피) = $7 \times 5 \times 12 = 420 \, (\text{cm}^3)$

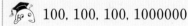

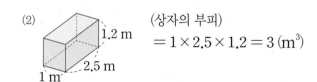

(2) (상자의 부피)
$= 1 \times 2.5 \times 1.2 = 3 \, (\text{m}^3)$

16 ㉠ $400 \times 400 \times 200 = 32000000 \, (\text{cm}^3) \Rightarrow 32 \, \text{m}^3$

㉡ $2 \times 0.7 \times 3 = 4.2 \, (\text{m}^3)$

㉢ $4 \times 4 \times 4 = 64 \, (\text{m}^3)$

따라서 부피가 큰 순서대로 기호를 쓰면 ㉢, ㉠, ㉡입니다.

17 $800 \, \text{cm} = 8 \, \text{m}$이므로

(색칠한 면의 넓이)×8=768,

(색칠한 면의 넓이)=768÷8=96 (m^2)입니다.

☺ 내가 만드는 문제

⑱ 예 (직육면체의 부피) = $4 \times 3 \times 5 = 60 \, (\text{m}^3)$

$\Rightarrow 60000000 \, (\text{cm}^3)$

개념 적용 -3 $1 \, \text{m}^3$ 알아보기 ─────── 150~151쪽

12 (1) 5000000 (2) 3 (3) 0.7 (4) 200000

13 >

14 (1) 72 / 72000000 (2) 50 / 50000000

15 (1) 2.4 m³ (2) 3 m³

16 ㉢, ㉠, ㉡   **17** 96 m²

⑱ 예 4, 3, 5 / 60, 60000000

🎓 100, 100, 100, 1000000

---

12 $1 \, \text{m}^3 = 1000000 \, \text{cm}^3$

13 $32000000 \, \text{cm}^3 = 32 \, \text{m}^3$이므로

$40 \, \text{m}^3 > 32 \, \text{m}^3$입니다.

14 (1) (직육면체의 부피) $= 6 \times 4 \times 3 = 72 \, (\text{m}^3)$

$\Rightarrow 72000000 \, \text{cm}^3$

(2) $250 \, \text{cm} = 2.5 \, \text{m}$, $500 \, \text{cm} = 5 \, \text{m}$,

$400 \, \text{cm} = 4 \, \text{m}$

(직육면체의 부피) $= 2.5 \times 5 \times 4 = 50 \, (\text{m}^3)$

$\Rightarrow 50000000 \, (\text{cm}^3)$

15 (1)

(상자의 부피)
$= 2 \times 1.5 \times 0.8 = 2.4 \, (\text{m}^3)$

개념 적용 -4 직육면체의 겉넓이 구하기 ─── 152~153쪽

19 (1) 324 cm² (2) 54 cm²

20 나, 가, 4

21 (1) 294 cm² (2) 150 cm²

22 (1) 216 cm² (2) 190 cm²

23 8

㉔ 예 ㉣ / 72 cm²

🎓 28, 24, 34

---

19 (1) (직육면체의 겉넓이)

$= (6 \times 12 + 6 \times 5 + 12 \times 5) \times 2$

$= (72 + 30 + 60) \times 2 = 324 \, (\text{cm}^2)$

(2) (정육면체의 겉넓이) $= 3 \times 3 \times 6 = 54 \, (\text{cm}^2)$

20 (직육면체 가의 겉넓이)

$= (9 \times 4 + 9 \times 3 + 4 \times 3) \times 2$

$= (36 + 27 + 12) \times 2 = 150 \, (\text{cm}^2)$

(직육면체 나의 겉넓이)

$= (18 \times 8 + 18 \times 6 + 8 \times 6) \times 2$

$= (144 + 108 + 48) \times 2 = 300 \times 2 = 600 \, (\text{cm}^2)$

따라서 직육면체 나의 겉넓이는 가의 겉넓이의 4배입니다.

21 (1) (정육면체의 겉넓이) $= 7 \times 7 \times 6 = 294 \, (\text{cm}^2)$

(2) (정육면체의 한 모서리의 길이) $= 15 \div 3 = 5 \, (\text{cm})$

$\Rightarrow$ (정육면체의 겉넓이) $= 5 \times 5 \times 6 = 150 \, (\text{cm}^2)$

22 (1) 정육면체의 한 모서리의 길이를 $\square$ cm라고 하면
$\square \times 4 = 24$, $\square = 6$입니다.
한 모서리의 길이가 6 cm인 정육면체의 겉넓이는
$6 \times 6 \times 6 = 216 \ (cm^2)$입니다.

(2) 정사각형의 한 변의 길이를 $\square$ cm라고 하면
$\square \times \square = 25$, $\square = 5$입니다.
가로가 5 cm, 세로가 5 cm, 높이가 7 cm인 직육면체의 겉넓이는
$(5 \times 5 + 5 \times 7 + 5 \times 7) \times 2 = 190 \ (cm^2)$입니다.

23 (정육면체의 겉넓이) = (한 면의 넓이) $\times 6$이므로
(한 면의 넓이) = (정육면체의 겉넓이) $\div 6$
$= 384 \div 6 = 64 \ (cm^2)$입니다.
정육면체 한 모서리의 길이를 $\square$ cm라고 하면
$\square \times \square = 64$이므로 $\square$는 8입니다.
따라서 정육면체의 한 모서리의 길이는 8 cm입니다.

☺ 내가 만드는 문제
24 ⑩ 한 꼭짓점에서 만나는 세 면의 넓이의 합의 2배로 구합니다.
(직육면체의 겉넓이)
$= (6 + 12 + 18) \times 2 = 72 \ (cm^2)$

발전 문제

1 나		**2** 가	
3 나, 90 cm²		**4** 4	
5 9		**6** 8 cm	
7 6		**8** 8	
9 302 cm²		**10** 150 cm²	
11 294 cm²		**12** 486 cm²	
13 2080 cm³		**14** 180 cm³	
15 294 m³		**16** 1236 cm²	
17 132 cm²		**18** 256 cm²	
19 1400 cm³		**20** 864 cm³	
21 3200 cm³		**22** 24 m³	
23 192개		**24** 96개	

1 (가의 부피) = 4 m³
(나의 부피) = $2 \times 2 \times 2 = 8 \ (m^3)$
4 m³ < 8 m³이므로 나의 부피가 더 큽니다.

2 (가의 부피) = $8 \times 6 \times 5 = 240 \ (cm^3)$
(나의 부피) = $8 \times 3 \times 5 = 120 \ (cm^3)$
240 cm³ > 120 cm³이므로 부피가 더 큰 직육면체는 가입니다.

3 가: $(84 + 72 + 42) \times 2 = 198 \times 2 = 396 \ (cm^2)$
나: $9 \times 9 \times 6 = 486 \ (cm^2)$
따라서 나 직육면체의 겉넓이가
$486 - 396 = 90 \ (cm^2)$ 더 넓습니다.

4 $\square \times \square \times 6 = 96$이므로 $\square \times \square = 16$, $\square = 4$입니다.

5 $(7 \times 2 + 7 \times \square + 2 \times \square) \times 2 = 190$,
$14 + 7 \times \square + 2 \times \square = 95$,
$7 \times \square + 2 \times \square = 81$,
$9 \times \square = 81$, $\square = 9$

6 (직육면체의 겉넓이)
$= (12 \times 4 + 12 \times 9 + 4 \times 9) \times 2$
$= (48 + 108 + 36) \times 2 = 192 \times 2 = 384 \ (cm^2)$
정육면체의 한 모서리의 길이를 $\square$ cm라고 하면
$\square \times \square \times 6 = 384$, $\square \times \square = 64$이므로 $\square = 8$입니다.

7 $8 \times 5 \times \square = 240$이므로 $40 \times \square = 240$,
$\square = 240 \div 40 = 6$입니다.

8 (직육면체 가의 부피) = $4 \times 10 \times 6 = 240 \ (cm^3)$
$6 \times 5 \times \square = 240$이므로 $30 \times \square = 240$, $\square = 8$입니다.

9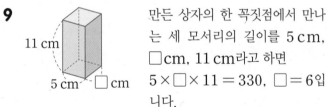
만든 상자의 한 꼭짓점에서 만나는 세 모서리의 길이를 5 cm, $\square$ cm, 11 cm라고 하면
$5 \times \square \times 11 = 330$, $\square = 6$입니다.
따라서 상자의 겉넓이는
$(5 \times 6 + 6 \times 11 + 5 \times 11) \times 2 = 302 \ (cm^2)$입니다.

10 (정육면체의 겉넓이) = $5 \times 5 \times 6 = 150 \ (cm^2)$

11 만들 수 있는 가장 큰 정육면체의 한 모서리의 길이는 직육면체의 가장 짧은 모서리의 길이와 같습니다.
따라서 만들 수 있는 가장 큰 정육면체의 한 모서리의 길이는 7 cm이므로 겉넓이는 $7 \times 7 \times 6 = 294 \ (cm^2)$입니다.

12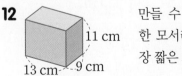
만들 수 있는 가장 큰 정육면체의 한 모서리의 길이는 직육면체의 가장 짧은 모서리의 길이와 같습니다.
따라서 만들 수 있는 가장 큰 정육면체의 한 모서리의 길이는 9 cm이므로 겉넓이는 $9 \times 9 \times 6 = 486 \ (cm^2)$입니다.

13 (직육면체 가의 부피) $= 13 \times 10 \times 11 = 1430\,(\text{cm}^3)$
(직육면체 나의 부피) $= 13 \times 10 \times 5 = 650\,(\text{cm}^3)$
➡ (두 직육면체의 부피의 합)
$= 1430 + 650 = 2080\,(\text{cm}^3)$

14 직육면체를 둘로 나누어 두 직육면체의 부피의 합을 구합니다.

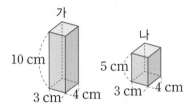

(가의 부피) + (나의 부피)
$= (3 \times 4 \times 10) + (3 \times 4 \times 5)$
$= 120 + 60 = 180\,(\text{cm}^3)$

15

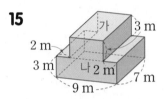

직육면체를 둘로 나누어 두 직육면체의 부피의 합을 구합니다.
(가의 부피) $= 5 \times 7 \times 3 = 105\,(\text{m}^3)$
(나의 부피) $= 9 \times 7 \times 3 = 189\,(\text{m}^3)$
➡ (입체도형의 부피) = (가의 부피) + (나의 부피)
$= 105 + 189 = 294\,(\text{m}^3)$

16 (직육면체 가의 겉넓이)
$= (14 \times 9 + 14 \times 11 + 9 \times 11) \times 2 = 758\,(\text{cm}^2)$
(직육면체 나의 겉넓이)
$= (7 \times 9 + 7 \times 11 + 9 \times 11) \times 2 = 478\,(\text{cm}^2)$
➡ (두 직육면체의 겉넓이의 합)
$= 758 + 478 = 1236\,(\text{cm}^2)$

17 겉넓이는 잘려진 두 부분의 넓이만큼 늘어납니다.
➡ $11 \times 6 + 11 \times 6 = 66 + 66 = 132\,(\text{cm}^2)$

18 자르기 전의 직육면체의 가로는 8 cm, 세로는 4 cm, 높이는 8 cm이므로 겉넓이는
$(32 + 64 + 32) \times 2 = 128 \times 2 = 256\,(\text{cm}^2)$입니다.

19 (용액의 부피) $= 35 \times 20 \times 2 = 1400\,(\text{cm}^3)$

20 돌의 부피는 늘어난 물의 부피와 같습니다.
(늘어난 물의 부피) $= 12 \times 18 \times 4 = 864\,(\text{cm}^3)$
따라서 돌의 부피는 $864\,\text{cm}^3$입니다.

21 돌을 넣었더니 물의 높이가 4 cm 높아졌습니다. 높아진 물의 부피가 돌의 부피이므로

(늘어난 물의 부피) $= 40 \times 20 \times 4 = 3200(\text{cm}^3)$입니다.

22 쌓기나무의 수는 $2 \times 4 \times 3 = 24$(개)이므로 직육면체의 부피는 $24\,\text{m}^3$입니다.

23 창고의 가로에 놓을 수 있는 상자의 수: 4개
창고의 세로에 놓을 수 있는 상자의 수: 6개
창고의 높이에 놓을 수 있는 상자의 수: 8개
따라서 창고에 넣을 수 있는 상자는 모두
$4 \times 6 \times 8 = 192$(개)입니다.

24

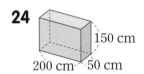

직육면체 모양 상자의 가로에 놓을 수 있는 통 수:
$200 \div 25 = 8$(개)
직육면체 모양 상자의 세로에 놓을 수 있는 통 수:
$50 \div 25 = 2$(개)
직육면체 모양 상자의 높이에 놓을 수 있는 통 수:
$150 \div 25 = 6$(개)
따라서 직육면체 모양의 상자를 가득 채우는 데 필요한 정육면체 통은 모두 $8 \times 2 \times 6 = 96$(개)입니다.

6단원 단원 평가   158~160쪽

1 높이
2 나
3 (1) 4000000   (2) 14.2
4 (1) 70 m³   (2) 5.4 m³
5 164 cm²
6 96 cm²
7 4배
8 42000000 cm³
9 384 cm²
10 7
11 9
12 1728 cm³
13 2.94 m²
14 264 cm²
15 10
16 680 cm³
17 264 cm³
18 9000개
19 264 cm²
20 168 cm²

2 가 상자에는 주사위를 15개씩 3층으로 담을 수 있으므로 모두 $15 \times 3 = 45$(개) 담을 수 있고, 나 상자에는 주사위를 12개씩 4층으로 담을 수 있으므로 모두 $12 \times 4 = 48$(개) 담을 수 있습니다.

따라서 부피가 더 큰 상자는 **나**입니다.

3 $1 \, m^3 = 1000000 \, cm^3$

4 (1) $5 \times 2 \times 7 = 70 \, (m^3)$

(2) $2 \times 0.9 \times 3 = 5.4 \, (m^3)$

5 (직육면체의 겉넓이)
$= (10 \times 3 + 10 \times 4 + 3 \times 4) \times 2$
$= (30 + 40 + 12) \times 2$
$= 82 \times 2 = 164 \, (cm^2)$

6 (겉넓이) $= 4 \times 4 \times 6 = 96 \, (cm^2)$

7 (가의 부피) $= 5 \times 8 \times 6 = 240 \, (cm^3)$
(나의 부피) $= 10 \times 8 \times 12 = 960 \, (cm^3)$
따라서 직육면체 나의 부피는 가의 부피의
$960 \div 240 = 4$(배)입니다.

8 부피가 $1 \, m^3$인 쌓기나무 42개로 만든 직육면체의 부피는 $42 \, m^3 \Rightarrow 42000000 \, cm^3$입니다.

9 정육면체는 여섯 면의 넓이가 모두 같으므로 정육면체의 겉넓이는 $128 \times 3 = 384 \, (cm^2)$입니다.

10 $\square \times \square \times \square = 343 \Rightarrow \square = 7$

11 $\square \times \square \times 6 = 486$, $\square \times \square = 81$, $\square = 9$

12 정육면체의 한 모서리의 길이를 $\square \, cm$라고 하면
$\square \times \square \times 6 = 864$이므로 $\square \times \square = 144$, $\square = 12$입니다.
따라서 한 모서리의 길이가 $12 \, cm$인 정육면체의 부피는 $12 \times 12 \times 12 = 1728 \, (cm^3)$입니다.

13 $70 \, cm = 0.7 \, m$, $110 \, cm = 1.1 \, m$입니다.
가장 큰 정육면체를 만들기 위해서는 한 모서리의 길이를 직육면체의 가장 짧은 모서리의 길이인 $0.7 \, m$로 해야 합니다.
따라서 만들 수 있는 가장 큰 정육면체의 겉넓이는
$0.7 \times 0.7 \times 6 = 2.94 \, (m^2)$입니다.

14 직육면체의 높이를 $\square \, cm$라고 하면
$15 \times 2 \times \square = 180$, $\square = 6$입니다.
따라서 직육면체의 겉넓이는
$(15 \times 2 + 15 \times 6 + 2 \times 6) \times 2$
$= (30 + 90 + 12) \times 2$
$= 264 \, (cm^2)$입니다.

15 직육면체 가의 겉넓이는
$(15 \times 10 + 15 \times 6 + 10 \times 6) \times 2$
$= (150 + 90 + 60) \times 2 = 600 \, (cm^2)$입니다.
정육면체 나의 겉넓이는 $\square \times \square \times 6 = 600$이므로
$\square \times \square = 100$, $\square = 10$입니다.

16 직육면체를 둘로 나누어 두 직육면체의 부피의 합을 구합니다.

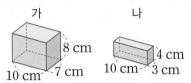

(입체도형의 부피)
$= (가의 부피) + (나의 부피)$
$= (10 \times 7 \times 8) + (10 \times 3 \times 4)$
$= 560 + 120 = 680 \, (cm^3)$

17 돌의 부피는 늘어난 물의 부피와 같습니다.
(늘어난 물의 부피) $= 8 \times 11 \times 3 = 264 \, (cm^3)$
따라서 돌의 부피는 $264 \, cm^3$입니다.

18 $1 \, m = 100 \, cm$에는 $20 \, cm$를 5개 놓을 수 있습니다.
따라서 정육면체 모양의 상자를 $6 \, m = 600 \, cm$에는 30개, $2 \, m = 200 \, cm$에는 10개 놓을 수 있으므로 직육면체 모양의 상자에는 정육면체 모양의 상자를
$30 \times 10 \times 30 = 9000$(개)까지 쌓을 수 있습니다.

서술형
19 예 넓이가 $36 \, cm^2$인 정사각형의 한 변의 길이는 $6 \, cm$이므로 직육면체의 가로와 세로는 각각 $6 \, cm$입니다.
(겉넓이) $= (6 \times 6 + 6 \times 8 + 6 \times 8) \times 2$
$= (36 + 48 + 48) \times 2$
$= 132 \times 2 = 264 \, (cm^2)$

평가 기준	배점
직육면체의 가로와 세로를 각각 구했나요?	2점
직육면체의 겉넓이를 구했나요?	3점

서술형
20 예 직육면체를 똑같이 4조각으로 자를 때 잘린 직육면체 4조각의 겉넓이의 합은 처음 직육면체의 겉넓이보다
$(6 \times 3) \times 4 + (8 \times 3) \times 4 = 72 + 96 = 168 \, (cm^2)$
늘어납니다.

평가 기준	배점
잘라진 면의 합이 늘어난 면이라는 것을 알았나요?	2점
처음 직육면체의 겉넓이보다 몇 cm^2 늘어나는지 구했나요?	3점

정답과 풀이

1 분수의 나눗셈

➕ 개념 적용
2쪽

1

□ 안에 알맞은 수를 써넣으세요.

$$17 \div 8 = 2 \cdots 1 \quad \downarrow \div 8$$

$$17 \div 8 = \boxed{}\dfrac{\boxed{}}{\boxed{}}$$

😊 어떻게 풀었니?

17÷8의 몫을 분수로 나타내는 방법을 알아보자!

빵 17개를 8명이 똑같이 나누어 먹는다면 한 명이 몇 개씩 먹을 수 있을까?

빵 17개를 2개씩 나누어 먹으면 1개가 남으니까 남은 빵 1개를 다시 8조각으로 나눠서 1조각씩 먹으면 돼.

즉, 17÷8= $\boxed{2}$ ⋯1에서 $\boxed{2}$ 은/는 자연수인 몫이 되고,

나머지 1을 다시 8로 나누어 구한 값 $\boxed{\dfrac{1}{8}}$ 은/는 분수인 몫이 되는 거야.

자연수 몫과 분수인 몫을 더해서 몫을 대분수로 나타낼 수 있지.

아~ 17÷8의 몫을 분수로 나타내면 $\boxed{2}\dfrac{\boxed{1}}{\boxed{8}}$ 이/가 되는구나!

2 (1) $5\dfrac{1}{5}$ (2) 3, $6\dfrac{3}{7}$

3

계산하지 않고 몫의 크기를 비교하여 ○ 안에 >, =, <를 알맞게 써넣으세요.

$$\dfrac{7}{18} \div 7 \bigcirc \dfrac{7}{18} \div 5$$

😊 어떻게 풀었니?

계산하지 않고 나눗셈의 몫의 크기를 비교하는 방법을 알아보자!

쿠키가 15개 있다고 할 때, 3명이 똑같이 나누어 먹는 경우와 5명이 똑같이 나누어 먹는 경우 중 한 사람이 쿠키를 더 많이 먹을 수 있는 건 어느 것일까?

3명이 나누어 먹는 경우: 15÷3 = 5
5명이 나누어 먹는 경우: 15÷5 = 3

3명이 나누어 먹는 경우지?

즉, 나누어지는 수가 같을 때 나누는 수가 작을수록 몫이 (커져 , 작아져).

분수의 나눗셈에서도 마찬가지야.

$\dfrac{7}{18} \div 7$과 $\dfrac{7}{18} \div 5$에서 나누어지는 수가 같고 나누는 수는 7>5이니까 몫이 더 큰 것은 $\left(\dfrac{7}{18} \div 7 , \dfrac{7}{18} \div 5 \right)$이지.

아~ 몫의 크기를 비교하면 $\dfrac{7}{18} \div 7 \bigcirc< \dfrac{7}{18} \div 5$구나!

4 (1) < (2) > **5** ㉡

6

다음을 나눗셈식으로 나타내고 계산해 보세요.

$\dfrac{9}{13}$를 6등분한 것 중의 하나

😊 어떻게 풀었니?

주어진 것을 나눗셈식으로 나타내고 계산해 보자!

등분이란 똑같이 나눈다는 뜻이야.

$\dfrac{9}{13}$를 똑같이 6으로 나눈 것 중의 하나는 $\dfrac{9}{13} \div \boxed{6}$ 을/를 나타내.

이것은 $\dfrac{9}{13}$의 $\dfrac{1}{\boxed{6}}$ 와/과 같으니까 $\dfrac{9}{13} \times \dfrac{1}{\boxed{6}}$ 와/과 같이 곱셈으로 나타낼 수도 있어.

그러니까 나눗셈 $\dfrac{9}{13} \div \boxed{6}$ 을/를 곱셈 $\dfrac{9}{13} \times \dfrac{1}{\boxed{6}}$ (으)로 나타내서 계산할 수 있지.

$$\dfrac{9}{13} \div \boxed{6} = \dfrac{\overset{3}{\cancel{9}}}{13} \times \dfrac{1}{\underset{2}{\cancel{6}}} = \dfrac{\boxed{3}}{\boxed{26}}$$

아~ 주어진 것을 나눗셈식으로 나타내고 계산하면 $\dfrac{9}{13} \div 6 = \dfrac{3}{26}$ (이)구나!

7 $\dfrac{10}{11} \div 4 = \dfrac{5}{22}$

8

나눗셈의 몫이 1과 2 사이인 식을 찾아 ○표 하세요.

$$3\dfrac{3}{4} \div 2 \qquad 3\dfrac{3}{4} \div 5$$

😊 어떻게 풀었니?

대분수의 나눗셈의 몫을 어림하는 방법을 알아보자!

$3\dfrac{3}{4} \div 2$를 그림으로 알아보면 다음과 같이 3을 2로 나누고, $\dfrac{3}{4}$을 2로 나눈 다음 더하는 것과 같아.

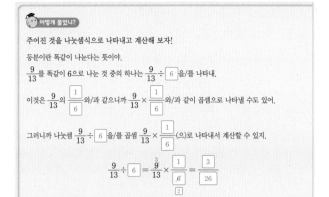

자연수 3을 2로 나누면 몫은 1과 $\boxed{2}$ 사이이고, 분수 $\dfrac{3}{4}$을 2로 나누면 1보다 작으니까 $3\dfrac{3}{4} \div 2$의 몫을 어림해 보면 1과 $\boxed{2}$ 사이가 돼. 즉, 대분수의 나눗셈의 몫을 어림할 때는 대분수의 자연수 부분만 나눠 보면 되는 거야.

$3\dfrac{3}{4} \div 5$의 몫을 어림해 보면 3을 5로 나눌 수 없으니까 몫이 $\boxed{0}$ 와/과 $\boxed{1}$ 사이가 되지.

직접 계산해서 확인해 볼까?

$$3\dfrac{3}{4} \div 2 = \dfrac{\boxed{15}}{4} \times \dfrac{1}{\boxed{2}} = \dfrac{\boxed{15}}{\boxed{8}} = 1\dfrac{\boxed{7}}{\boxed{8}}$$

$$3\dfrac{3}{4} \div 5 = \dfrac{\boxed{15}}{4} \div 5 = \dfrac{\boxed{15 \div 5}}{4} = \dfrac{\boxed{3}}{\boxed{4}}$$

아~ 계산해 보지 않아도 나눗셈의 몫이 1과 2 사이인 식은 $\left(3\dfrac{3}{4} \div 2 , 3\dfrac{3}{4} \div 5 \right)$구나!

9 $9\dfrac{5}{6} \div 4$에 ○표

---

2 (2) 45÷7 = 6⋯3에서 나머지 3을 7로 나누면 $\dfrac{3}{7}$입니다.

➡ 45÷7 = $6\dfrac{3}{7}$

4 (1) 나누는 수가 같으므로 나누어지는 수의 크기를 비교해 봅니다.

$\dfrac{11}{16} < \dfrac{13}{16}$이므로 $\dfrac{11}{16} \div 5 < \dfrac{13}{16} \div 5$입니다.

(2) 나누어지는 수가 같으므로 나누는 수의 크기를 비교해 봅니다.

$4 < 6$이므로 $\dfrac{8}{19} \div 4 > \dfrac{8}{19} \div 6$입니다.

5 $3 < 6 < 7$이므로 $\dfrac{9}{13} \div 3 > \dfrac{9}{13} \div 6 > \dfrac{9}{13} \div 7$입니다.

7 $\dfrac{10}{11} \div 4 = \dfrac{\overset{5}{10}}{11} \times \dfrac{1}{\underset{2}{4}} = \dfrac{5}{22}$

9
· $5\dfrac{2}{3} \div 7 \Rightarrow 5 < 7$이므로 몫은 0과 1 사이입니다.

· $9\dfrac{1}{3} \div 3 \Rightarrow 9 \div 3 = 3$이므로 몫은 3과 4 사이입니다.

· $9\dfrac{5}{6} \div 4 \Rightarrow 9 \div 4 = 2 \cdots 1$이므로 몫은 2와 3 사이입니다.

다른 풀이 | · $5\dfrac{2}{3} \div 7 = \dfrac{17}{3} \times \dfrac{1}{7} = \dfrac{17}{21}$

· $9\dfrac{1}{3} \div 3 = \dfrac{28}{3} \times \dfrac{1}{3} = \dfrac{28}{9} = 3\dfrac{1}{9}$

· $9\dfrac{5}{6} \div 4 = \dfrac{59}{6} \times \dfrac{1}{4} = \dfrac{59}{24} = 2\dfrac{11}{24}$

📋 쓰기 쉬운 서술형   6쪽

1 $31, 31, 3, 31, 2\dfrac{7}{12}, 2\dfrac{7}{12}, 3, 4, 5 / 3, 4, 5$

1-1 3개

2 $2, \dfrac{3}{7}, \dfrac{3}{7}, 2, \dfrac{3}{7}, 2, \dfrac{3}{7}, \dfrac{1}{2}, \dfrac{3}{14} / \dfrac{3}{14}$

2-1 $\dfrac{29}{72}$

3 $3, 5, \dfrac{3}{5}, \dfrac{3}{5} / \dfrac{3}{5}$ L

3-1 $\dfrac{2}{13}$ m

3-2 $\dfrac{19}{32}$ kg

3-3 $\dfrac{27}{40}$ km

4 $4, \dfrac{7}{8}, \dfrac{7}{8}, 4, \dfrac{7}{8}, \dfrac{1}{4}, \dfrac{7}{32} / \dfrac{7}{32}$

4-1 $\dfrac{29}{63}$

4-2 $\dfrac{1}{24}$

4-3 $\dfrac{1}{40}$

1-1 ㉔ $12\dfrac{2}{5} \div 4 = \dfrac{62}{5} \div 4$

$= \dfrac{\overset{31}{62}}{5} \times \dfrac{1}{\underset{2}{4}} = \dfrac{31}{10} = 3\dfrac{1}{10}$,

$13\dfrac{1}{8} \div 2 = \dfrac{105}{8} \div 2$

$= \dfrac{105}{8} \times \dfrac{1}{2} = \dfrac{105}{16} = 6\dfrac{9}{16}$

이므로 $3\dfrac{1}{10} < \square < 6\dfrac{9}{16}$입니다. ···· ❶

따라서 □ 안에 들어갈 수 있는 자연수는 4, 5, 6으로 모두 3개입니다. ···· ❷

단계	문제 해결 과정
①	나눗셈을 계산하여 □의 범위를 구했나요?
②	□ 안에 들어갈 수 있는 자연수의 개수를 구했나요?

2-1 ㉔ 몫이 가장 작은 (대분수)÷(자연수)를 만들려면 가장 큰 수인 9를 나누는 수로 하고, 나머지 수로 가장 작은 대분수 $3\dfrac{5}{8}$를 만들어 나누어지는 수로 합니다.

$\Rightarrow 3\dfrac{5}{8} \div 9$ ···· ❶

따라서 $3\dfrac{5}{8} \div 9 = \dfrac{29}{8} \times \dfrac{1}{9} = \dfrac{29}{72}$입니다. ···· ❷

단계	문제 해결 과정
①	몫이 가장 작은 (대분수)÷(자연수)를 만들었나요?
②	만든 나눗셈을 계산했나요?

3-1 ㉔ (끈 한 도막의 길이) $= \dfrac{12}{13} \div 6$ ···· ❶

$= \dfrac{12 \div 6}{13} = \dfrac{2}{13}$ (m)

따라서 끈 한 도막의 길이는 $\dfrac{2}{13}$ m입니다. ···· ❷

단계	문제 해결 과정
①	끈 한 도막의 길이를 구하는 과정을 썼나요?
②	끈 한 도막의 길이를 구했나요?

3-2 ㉔ (한 봉지에 담은 보리의 양)

$= 4\dfrac{3}{4} \div 8$ ···· ❶

$= \dfrac{19}{4} \times \dfrac{1}{8} = \dfrac{19}{32}$ (kg)

따라서 한 봉지에 담은 보리는 $\dfrac{19}{32}$ kg입니다. ···· ❷

단계	문제 해결 과정
①	한 봉지에 담은 보리의 양을 구하는 과정을 썼나요?
②	한 봉지에 담은 보리의 양을 구했나요?

3-3 예 (1분 동안 간 거리) $= 3\frac{3}{8} \div 5$ ----- **❶**

$$= \frac{27}{8} \times \frac{1}{5} = \frac{27}{40} \text{ (km)}$$

따라서 1분 동안 간 거리는 $\frac{27}{40}$ km입니다. ----- **❷**

단계	문제 해결 과정
①	1분 동안 간 거리를 구하는 과정을 썼나요?
②	1분 동안 간 거리를 구했나요?

4-1 예 어떤 분수를 □라고 하면 □$\times 7 = 3\frac{2}{9}$입니다. ----- **❶**

따라서 □ $= 3\frac{2}{9} \div 7 = \frac{29}{9} \times \frac{1}{7} = \frac{29}{63}$입니다.
----- **❷**

단계	문제 해결 과정
①	어떤 분수를 □라고 하여 식을 세웠나요?
②	어떤 분수를 구했나요?

4-2 예 어떤 분수를 □라고 하면 □$\times 9 = 1\frac{7}{8}$이므로

□ $= 1\frac{7}{8} \div 9 = \frac{\overset{5}{\cancel{15}}}{8} \times \frac{1}{\underset{3}{\cancel{9}}} = \frac{5}{24}$입니다. ----- **❶**

따라서 어떤 분수를 5로 나눈 몫은

$\frac{5}{24} \div 5 = \frac{5 \div 5}{24} = \frac{1}{24}$입니다. ----- **❷**

단계	문제 해결 과정
①	어떤 분수를 구했나요?
②	어떤 분수를 5로 나눈 몫을 구했나요?

4-3 예 어떤 분수를 □라고 하면 □$\times 6 = \frac{9}{10}$이므로

□ $= \frac{9}{10} \div 6 = \frac{\overset{3}{\cancel{9}}}{10} \times \frac{1}{\underset{2}{\cancel{6}}} = \frac{3}{20}$입니다. ----- **❶**

따라서 바르게 계산하면

$\frac{3}{20} \div 6 = \frac{\overset{1}{\cancel{3}}}{20} \times \frac{1}{\underset{2}{\cancel{6}}} = \frac{1}{40}$입니다. ----- **❷**

단계	문제 해결 과정
①	어떤 분수를 구했나요?
②	바르게 계산한 값을 구했나요?

---

1 20, 20, $\frac{4}{35}$

2

3 $\frac{13}{15} \div 6 = \frac{13}{15} \times \frac{1}{6} = \frac{13}{90}$

4 (1) $\frac{4}{9}$ (2) $\frac{5}{18}$

5 $3\frac{2}{5} \div 4 = \frac{17}{5} \div 4 = \frac{17}{5} \times \frac{1}{4} = \frac{17}{20}$

6 $11\frac{1}{4} \div 3$에 ○표   **7** $\frac{5}{8}$ kg

8 3, 4

9 $\frac{3}{5} \div 8$ 또는 $\frac{3}{8} \div 5$ / $\frac{3}{40}$

10 $\frac{3}{7}$

1 $\frac{4}{7}$의 분자 4는 5의 배수가 아니므로 $\frac{4 \times 5}{7 \times 5}$로 바꾸어 계산합니다.

2 자연수를 $\frac{1}{(자연수)}$로 바꾸어 곱합니다.

4 (1) $4 \div 9 = \frac{4}{9}$

 (2) $\frac{5}{6} \div 3 = \frac{5}{6} \times \frac{1}{3} = \frac{5}{18}$

5 나누어지는 분수는 그대로 쓰고, 나누는 자연수를 $\frac{1}{(자연수)}$로 바꾸어 곱합니다.

6 ・$10\frac{3}{5} \div 4 \Rightarrow 10 \div 4 = 2\cdots2$이므로

   몫은 2와 3 사이입니다.

 ・$11\frac{1}{4} \div 3 \Rightarrow 11 \div 3 = 3\cdots2$이므로

   몫은 3과 4 사이입니다.

 ・$6\frac{8}{9} \div 6 \Rightarrow 6 \div 6 = 1$이므로

   몫은 1과 2 사이입니다.

7 (책 한 권의 무게)

   $=$ (책 9권의 무게)$\div 9$

   $= 5\frac{5}{8} \div 9 = \frac{45}{8} \div 9 = \frac{45 \div 9}{8} = \frac{5}{8}$ (kg)

8 $11\dfrac{2}{3}\div5=\dfrac{35}{3}\div5=\dfrac{35\div5}{3}=\dfrac{7}{3}=2\dfrac{1}{3}$

$14\dfrac{1}{4}\div3=\dfrac{57}{4}\div3=\dfrac{57\div3}{4}=\dfrac{19}{4}=4\dfrac{3}{4}$

➡ $2\dfrac{1}{3}<\square<4\dfrac{3}{4}$

따라서 □ 안에 들어갈 수 있는 자연수는 3, 4입니다.

다른 풀이 | $11\dfrac{2}{3}\div5$의 몫은 $11\div5=2\cdots1$에서 2와 3 사이입니다.

$14\dfrac{1}{4}\div3$의 몫은 $14\div3=4\cdots2$에서 4와 5 사이입니다.

➡ $2\dfrac{\blacktriangle}{\blacksquare}<\square<4\dfrac{\bigstar}{\bullet}$

따라서 □ 안에 들어갈 수 있는 자연수는 3, 4입니다.

9 몫이 가장 작은 (진분수)÷(자연수)를 만들려면 나누는 수가 가장 크거나 나누어지는 수의 분수의 분모가 가장 커야 하므로 $\dfrac{3}{5}\div8$ 또는 $\dfrac{3}{8}\div5$로 만들 수 있습니다.

$\dfrac{3}{5}\div8=\dfrac{3}{5}\times\dfrac{1}{8}=\dfrac{3}{40}$

$\dfrac{3}{8}\div5=\dfrac{3}{8}\times\dfrac{1}{5}=\dfrac{3}{40}$

^{서술형}
10 ⓔ 어떤 분수를 □라고 하면 $\square\times3=3\dfrac{6}{7}$이므로

$\square=3\dfrac{6}{7}\div3=\dfrac{27}{7}\div3=\dfrac{27\div3}{7}=\dfrac{9}{7}$입니다.

따라서 바르게 계산하면 $\dfrac{9}{7}\div3=\dfrac{9\div3}{7}=\dfrac{3}{7}$입니다.

평가 기준	배점
어떤 분수를 구했나요?	5점
바르게 계산한 값을 구했나요?	5점

2 각기둥과 각뿔

➕ 개념 적용   14쪽

1

입체도형 '나'는 누구인지 이름을 써 보세요.

- 나는 옆면이 모두 직사각형이야.
- 나는 꼭짓점이 12개야.
- 나는 밑면이 2개야.

👨‍🎓 **어떻게 풀었니?**

설명하는 입체도형이 무엇인지 찾고 이름을 알아보자!

옆면이 모두 직사각형이고 밑면이 2개인 입체도형은 │각기둥│ (이)야.

꼭짓점이 12개인 각기둥은 밑면이 어떤 모양일까?
오른쪽 삼각기둥을 살펴보면 삼각형이 위와 아래에 두 개 있고,
이 두 삼각형의 꼭짓점이 삼각기둥의 꼭짓점이 되지.
즉, 각기둥에서 꼭짓점의 수는 밑면인 다각형의 모양으로 결정된다는 걸 알 수 있어.
(각기둥의 꼭짓점의 수) = (한 밑면의 변의 수)× │2│

꼭짓점이 12개인 각기둥은 위와 아래에 꼭짓점이 각각 $12\div2=$ │6│ (개)씩 있는 거니까 밑면의 모양이 │육각형│ 인 각기둥이야.

아~ 나는 │육각기둥│ (이)구나!

2 팔각기둥

3

어떤 각기둥의 옆면만 그린 전개도의 일부분입니다. 이 각기둥의 밑면은 어떤 도형일까요?

👨‍🎓 **어떻게 풀었니?**

어떤 각기둥의 전개도인지 알아보자!
각기둥의 옆면만 그린 전개도의 일부분이니까 점선인 부분에 밑면을 그려 볼까?
전개도를 접었을 때 옆면인 모서리와 밑면인 모서리가 하나하나 맞닿아서 각기둥이 되어야 하니까 밑면을 다음과 같이 그릴 수 있어.

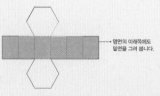

→ 옆면의 아래쪽에도 밑면을 그려 봅니다.

그림을 보면 밑면의 변 한 개에 옆면이 한 개씩 붙게 되니까 각기둥의 전개도에서 옆면의 수는 한 밑면의 변의 수와 같다는 걸 알 수 있지.
주어진 각기둥의 옆면이 │6│ 개이니까 밑면은 변의 수가 │6│ 개인 │육각형│ 이야.
아~ 이 각기둥의 밑면의 모양은 │육각형│ 이구나!

4 칠각기둥

5

각뿔을 잘라 오른쪽과 같은 입체도형을 만들었습니다. 만든 입체도형에 대해 바르게 설명한 사람의 이름을 써 보세요.

해수: 각뿔을 잘라 만든 입체도형도 각뿔이야.
하늘: 옆면이 사각형이므로 각기둥이야.
초아: 밑면이 1개가 아니니까 각뿔이 아니야.

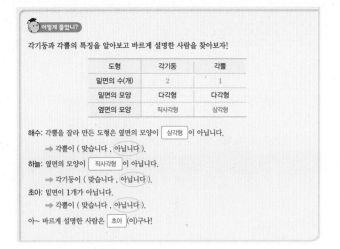

6 민하

7

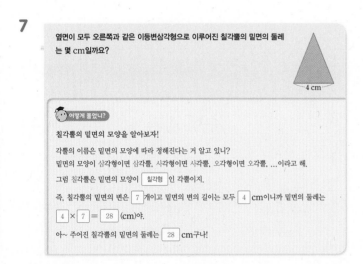

8 40 cm   **9** 70 cm

---

2 밑면이 2개이고 밑면과 옆면이 모두 수직으로 만나는 입체도형은 각기둥입니다.
이 각기둥의 한 밑면의 변의 수를 □개라고 하면
$□ × 3 = 24$, $□ = 8$입니다.
따라서 밑면이 팔각형인 각기둥이므로 팔각기둥입니다.

4 각기둥의 옆면의 수는 각기둥의 한 밑면의 변의 수와 같습니다.
옆면이 7개이므로 밑면은 변의 수가 7개인 칠각형입니다.
따라서 밑면이 칠각형인 각기둥이므로 칠각기둥입니다.

6 가는 밑면이 다각형이고 옆면이 삼각형이므로 각뿔입니다.
나는 밑면이 다각형이지만 옆면이 직사각형이 아니므로 각기둥이 아니고, 옆면이 삼각형이 아니므로 각뿔도 아닙니다.

---

8 팔각뿔은 밑면의 모양이 팔각형이므로 밑면의 변은 8개입니다.
밑면의 변의 길이가 모두 5 cm이므로 밑면의 둘레는 $5 × 8 = 40$ (cm)입니다.

9 주어진 이등변삼각형으로 이루어진 오각뿔은 오른쪽과 같습니다.
6 cm인 모서리가 5개, 8 cm인 모서리가 5개이므로 오각뿔의 모든 모서리의 길이의 합은
$6 × 5 + 8 × 5 = 30 + 40 = 70$ (cm)입니다.

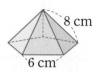

쓰기 쉬운 서술형   18쪽

1 합동, 직사각형, 합동, 직사각형

1-1 풀이 참조

2 오각형, 오각기둥, 오각기둥, 5, 3, 15 / 15개

2-1 12개

3 6, 12, 6, 12, 6, 36, 42, 78 / 78 cm

3-1 84 cm

3-2 56 cm

3-3 9 cm

4 2, 16, 16, 15, 십오각형, 십오각뿔 / 십오각뿔

4-1 구각뿔

4-2 15개

4-3 10개

1-1 예 각뿔은 밑면이 다각형인 뿔 모양의 입체도형입니다. ····❶

주어진 입체도형은 뿔 모양이지만 밑면이 다각형이 아니므로 각뿔이 아닙니다. ····❷

단계	문제 해결 과정
①	각뿔에 대하여 설명했나요?
②	각뿔이 아닌 이유를 썼나요?

2-1 예 밑면의 모양이 육각형이므로 육각기둥입니다. ····❶
따라서 육각기둥의 꼭짓점은 $6 × 2 = 12$(개)입니다.
····❷

단계	문제 해결 과정
①	전개도를 접었을 때 만들어지는 각기둥의 이름을 썼나요?
②	전개도를 접었을 때 만들어지는 각기둥의 꼭짓점의 수를 구했나요?

3-1 ⓔ 4 cm인 모서리는 7개이고, 8 cm인 모서리는 7개입니다. ── ❶

따라서 각뿔의 모든 모서리의 길이의 합은
$4 \times 7 + 8 \times 7 = 28 + 56 = 84$ (cm)입니다. ── ❷

단계	문제 해결 과정
①	4 cm인 모서리와 8 cm인 모서리의 수를 각각 구했나요?
②	각뿔의 모든 모서리의 길이의 합을 구했나요?

3-2 ⓔ 밑면의 모양이 팔각형이므로 팔각뿔입니다. ── ❶

2 cm인 모서리는 8개이고, 5 cm인 모서리는 8개입니다. ── ❷

따라서 각뿔의 모든 모서리의 길이의 합은
$2 \times 8 + 5 \times 8 = 16 + 40 = 56$ (cm)입니다. ── ❸

단계	문제 해결 과정
①	각뿔의 이름을 썼나요?
②	2 cm인 모서리와 5 cm인 모서리의 수를 각각 구했나요?
③	각뿔의 모든 모서리의 길이의 합을 구했나요?

3-3 ⓔ 높이를 ☐cm라고 할 때 5 cm인 모서리는 10개이고, ☐cm인 모서리는 5개입니다. ── ❶

따라서 $5 \times 10 + ☐ \times 5 = 95$, $50 + ☐ \times 5 = 95$,
$☐ \times 5 = 45$, $☐ = 9$이므로 각뿔의 높이는 9 cm입니다. ── ❷

단계	문제 해결 과정
①	높이를 ☐cm라고 할 때 5 cm인 모서리와 ☐cm인 모서리의 수를 각각 구했나요?
②	각기둥의 높이를 구했나요?

4-1 ⓔ 육각기둥의 모서리는 $6 \times 3 = 18$(개)입니다. ── ❶

각뿔의 밑면의 변의 수를 ☐개라고 하면 $☐ \times 2 = 18$, $☐ = 9$입니다.

따라서 밑면이 구각형인 각뿔이므로 구각뿔입니다. ── ❷

단계	문제 해결 과정
①	육각기둥의 모서리의 수를 구했나요?
②	육각기둥과 모서리의 수가 같은 각뿔을 구했나요?

4-2 ⓔ 구각뿔의 꼭짓점은 $9 + 1 = 10$(개)입니다. ── ❶

각기둥의 한 밑면의 변의 수를 ☐개라고 하면
$☐ \times 2 = 10$, $☐ = 5$이므로 오각기둥입니다. ── ❷

따라서 오각기둥의 모서리는 $5 \times 3 = 15$(개)입니다. ── ❸

단계	문제 해결 과정
①	구각뿔의 꼭짓점의 수를 구했나요?
②	구각뿔과 꼭짓점의 수가 같은 각기둥을 구했나요?
③	각기둥의 모서리의 수를 구했나요?

4-3 ⓔ 면이 13개인 각뿔은 십이각뿔이므로 십이각뿔의 모서리는 $12 \times 2 = 24$(개)입니다. ── ❶

각기둥의 한 밑면의 변의 수를 ☐개라고 하면
$☐ \times 3 = 24$, $☐ = 8$이므로 팔각기둥입니다. ── ❷

따라서 팔각기둥의 면은 $8 + 2 = 10$(개)입니다. ── ❸

단계	문제 해결 과정
①	면이 13개인 각뿔의 모서리의 수를 구했나요?
②	면이 13개인 각뿔과 모서리의 수가 같은 각기둥을 구했나요?
③	각기둥의 면의 수를 구했나요?

2단원 수행 평가   24~25쪽

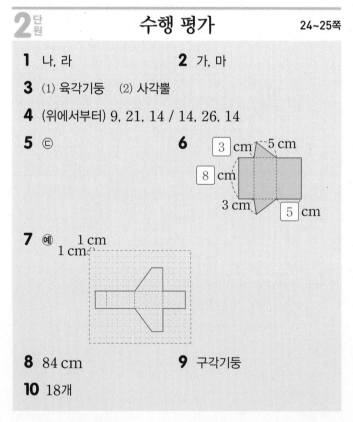

1 나, 라

2 가, 마

3 (1) 육각기둥   (2) 사각뿔

4 (위에서부터) 9, 21, 14 / 14, 26, 14

5 ㉢

6

7 ⓔ

8 84 cm

9 구각기둥

10 18개

1 서로 평행한 두 면이 합동인 다각형이고, 옆면이 직사각형인 입체도형을 찾습니다.

2 밑면이 다각형이고 옆면이 모두 삼각형인 입체도형을 찾습니다.

3 (1) 밑면이 육각형인 각기둥이므로 육각기둥입니다.
(2) 밑면이 사각형인 각뿔이므로 사각뿔입니다.

4 · (칠각기둥의 면의 수) $= 7 + 2 = 9$(개)
　(칠각기둥의 모서리의 수) $= 7 \times 3 = 21$(개)
　(칠각기둥의 꼭짓점의 수) $= 7 \times 2 = 14$(개)

· (십삼각뿔의 면의 수) $= 13 + 1 = 14$(개)
　(십삼각뿔의 모서리의 수) $= 13 \times 2 = 26$(개)
　(십삼각뿔의 꼭짓점의 수) $= 13 + 1 = 14$(개)

5 ⓒ 각뿔은 뿔 모양이므로 밑면과 옆면이 서로 수직으로 만나지 않습니다.

6 전개도를 접었을 때 맞닿는 선분의 길이는 같습니다.

7 전개도를 그릴 때 접히는 선은 점선으로, 잘리는 선은 실선으로 그립니다.

8 $3\,\mathrm{cm}$인 모서리는 14개이고, $6\,\mathrm{cm}$인 모서리는 7개입니다.
따라서 각기둥의 모든 모서리의 길이의 합은
$3 \times 14 + 6 \times 7 = 42 + 42 = 84\,(\mathrm{cm})$입니다.

9 두 밑면이 서로 평행하고 합동이면서 옆면의 모양이 모두 직사각형이므로 각기둥입니다.
각기둥의 한 밑면의 변의 수를 ☐개라고 하면
☐ $\times 3 = 27$, ☐ $= 9$입니다.
따라서 밑면이 구각형인 각기둥이므로 구각기둥입니다.

서술형
10 ⑩ 오각기둥의 꼭짓점은 $5 \times 2 = 10$(개)입니다.
각뿔의 밑면의 변의 수를 ☐개라고 하면 ☐ $+ 1 = 10$,
☐ $= 9$이므로 구각뿔입니다.
따라서 구각뿔의 모서리는 $9 \times 2 = 18$(개)입니다.

평가 기준	배점
오각기둥의 꼭짓점의 수를 구했나요?	3점
오각기둥과 꼭짓점의 수가 같은 각뿔을 구했나요?	3점
각뿔의 모서리의 수를 구했나요?	4점

---

3 소수의 나눗셈

➕ 개념 적용
26쪽

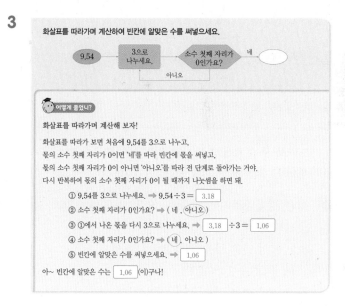

1
무게가 같은 빨간색 구슬 3개와 무게가 2.16 g인 파란색 구슬 한 개를 윗접시저울에 올려놓았더니 오른쪽과 같았습니다. 빨간색 구슬 한 개의 무게는 몇 g인지 구해 보세요.

어떻게 풀었니?
파란색 구슬의 무게를 이용해서 빨간색 구슬의 무게를 구해 보자!
빨간색 구슬 3개를 올려놓은 접시와 파란색 구슬 한 개를 올려놓은 접시가 한쪽으로 기울어지지 않고 균형을 이루고 있네.
윗접시저울이 균형을 이루었다는 건 양쪽에 놓인 무게가 같다는 거야.
빨간색 구슬 3개의 무게와 파란색 구슬 한 개의 무게가 같으니까
빨간색 구슬 3개의 무게는 [2.16] g이야.
빨간색 구슬 3개의 무게가 모두 같으니까
(빨간색 구슬 한 개의 무게) = (빨간색 구슬 3개의 무게) ÷ [3]
　　　　　= [2.16] ÷ [3] = [0.72] (g)
이지.
아~ 빨간색 구슬 한 개의 무게는 [0.72] g이구나!

2 0.75 g

3
화살표를 따라가며 계산하여 빈칸에 알맞은 수를 써넣으세요.

9.54 → 3으로 나누세요. → 소수 첫째 자리가 0인가요? → 네 → ⬭

↓ 아니오

어떻게 풀었니?
화살표를 따라가며 계산해 보자!
화살표를 따라가 보면 처음에 9.54를 3으로 나누고,
몫의 소수 첫째 자리가 0이면 '네'를 따라 빈칸에 몫을 써넣고,
몫의 소수 첫째 자리가 0이 아니면 '아니오'를 따라 전 단계로 돌아가는 거야.
다시 반복하여 몫의 소수 첫째 자리가 0이 될 때까지 나눗셈을 하면 돼.
① 9.54를 3으로 나누세요. ➡ $9.54 \div 3 = $ [3.18]
② 소수 첫째 자리가 0인가요? ➡ (네 , (아니오))
③ ①에서 나온 몫을 다시 3으로 나누세요. ➡ [3.18] ÷ 3 = [1.06]
④ 소수 첫째 자리가 0인가요? ➡ ((네) , 아니오)
⑤ 빈칸에 알맞은 수를 써넣으세요. ➡ [1.06]
아~ 빈칸에 알맞은 수는 [1.06] (이)구나!

4 1.09

5
나머지가 0이 될 때까지 0을 내려 계산할 때 0을 내린 횟수가 다른 나눗셈을 찾아 기호를 써 보세요.

| ㉠ $46 \div 4$ | ㉡ $53 \div 4$ | ㉢ $37 \div 4$ | ㉣ $27 \div 4$ |

어떻게 풀었니?
(자연수) ÷ (자연수)의 몫을 나누어떨어질 때까지 나누어 구해 보자!
㉠ $46 \div 4$에서 나누어지는 수 46에 소수점을 찍으면 $46 = 46.0 = 46.00 \cdots$과 같이 수의 오른쪽 끝에 0을 무한히 쓸 수 있어. 그러니까 나눗셈을 해서 나머지가 생길 때마다 0을 내려 써서 계산하면 돼.
주어진 나눗셈을 각각 계산해서 0을 내린 횟수를 구해 봐.

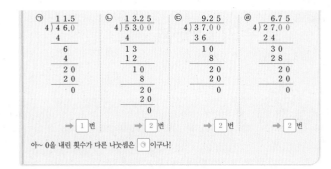

6 ㉢

7

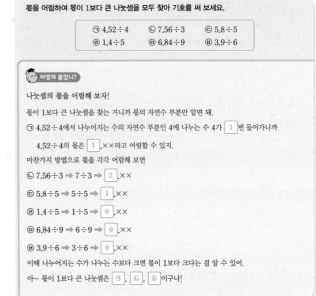

8 ㉠, ㉢, ㉣

2 노란색 구슬 5개의 무게가 3.75 g이므로 노란색 구슬 한 개의 무게는 $3.75 \div 5 = 0.75$ (g)입니다.

4 ① 8.72를 2로 나누세요. ➡ $8.72 \div 2 = 4.36$
② 소수 첫째 자리가 0인가요? ➡ 아니오
③ ①에서 나온 몫을 다시 2로 나누세요.
➡ $4.36 \div 2 = 2.18$
④ 소수 첫째 자리가 0인가요? ➡ 아니오
⑤ ③에서 나온 몫을 다시 2로 나누세요.
➡ $2.18 \div 2 = 1.09$
⑥ 소수 첫째 자리가 0인가요? ➡ 네
⑦ 빈칸에 알맞은 수를 써넣으세요. ➡ 1.09

6 ㉠ $20 \div 8 = 2.5$ ➡ 1번
㉡ $58 \div 8 = 7.25$ ➡ 2번
㉢ $27 \div 8 = 3.375$ ➡ 3번
㉣ $38 \div 8 = 4.75$ ➡ 2번
따라서 0을 내린 횟수가 가장 많은 나눗셈은 ㉢ $27 \div 8$ 입니다.

8 나누어지는 수의 자연수 부분에 나누는 수가 몇 번 들어 가는지 알아보아 몫을 어림해 봅니다.
㉠ $5.68 \div 8$ ➡ $5 \div 8$ ➡ $0.\times\times$
㉡ $4.62 \div 2$ ➡ $4 \div 2$ ➡ $2.\times\times$
㉢ $6.44 \div 7$ ➡ $6 \div 7$ ➡ $0.\times\times$
㉣ $2.07 \div 3$ ➡ $2 \div 3$ ➡ $0.\times\times$
㉤ $9.15 \div 5$ ➡ $9 \div 5$ ➡ $1.\times\times$
㉥ $6.78 \div 6$ ➡ $6 \div 6$ ➡ $1.\times\times$

쓰기 쉬운 서술형　30쪽

1 5.36, 4, 1.34, 1.34 / 1.34 L
1-1 2.03 kg
1-2 0.45 km
1-3 0.54 kg
2 15.66, 15.66, 3, 5.22, 5.22, 3, 1.74 / 1.74
2-1 1.35
3 7, 1, 6, 17.1, 6, 2.85 / 2.85 m
3-1 2.32 m
4 75.6, 75.6, 12, 6.3, 6.3 / 6.3 cm
4-1 11.5 cm
4-2 8.4 cm
4-3 14.4

1-1 예 (한 모둠에 주어야 하는 찰흙의 무게)
$= 12.18 \div 6$ ⋯⋯ ❶
$= 2.03$ (kg)
따라서 한 모둠에 찰흙을 2.03 kg 주어야 합니다.
⋯⋯ ❷

단계	문제 해결 과정
①	한 모둠에 주어야 하는 찰흙의 무게를 구하는 과정을 썼나요?
②	한 모둠에 주어야 하는 찰흙의 무게를 구했나요?

1-2 예 (준호가 1분 동안 달린 거리) $= 3.6 \div 8$ ⋯⋯ ❶
$= 0.45$ (km)
따라서 준호가 1분 동안 달린 거리는 0.45 km입니다.
⋯⋯ ❷

단계	문제 해결 과정
①	준호가 1분 동안 달린 거리를 구하는 과정을 썼나요?
②	준호가 1분 동안 달린 거리를 구했나요?

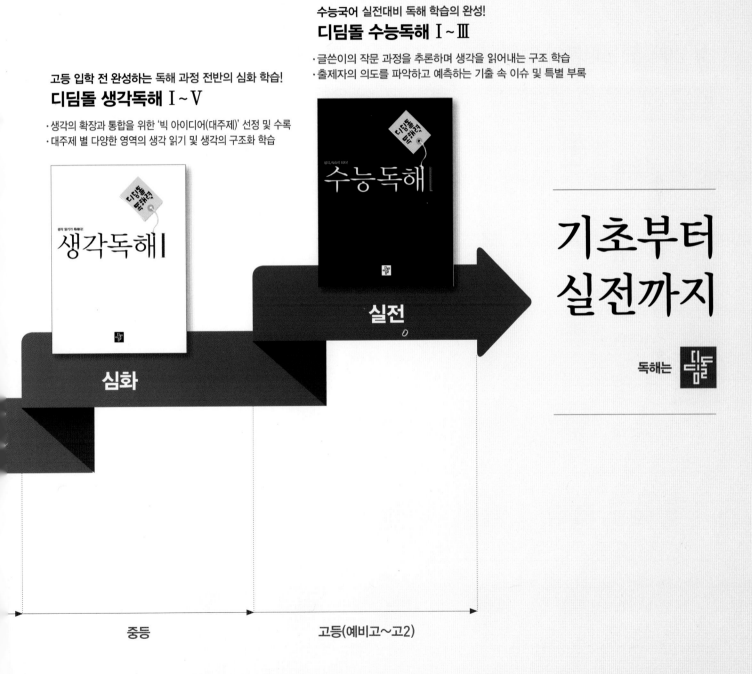

고등 입학 전 완성하는 독해 과정 전반의 심화 학습!
디딤돌 생각독해 I ~ V

· 생각의 확장과 통합을 위한 '빅 아이디어(대주제)' 선정 및 수록
· 대주제 별 다양한 영역의 생각 읽기 및 생각의 구조화 학습

수능국어 실전대비 독해 학습의 완성!
디딤돌 수능독해 I ~ Ⅲ

· 글쓴이의 작문 과정을 추론하며 생각을 읽어내는 구조 학습
· 출제자의 의도를 파악하고 예측하는 기출 속 이슈 및 특별 부록

기초부터 실전까지

독해는 디딤돌

심화

실전

중등

고등(예비고~고2)

다음에는 뭐 풀지?

최상위로 가는
'맞춤 학습 플랜'

STEP
4
Book

다음에 공부할 책을 고르기 어려우시다면, 현재 성취도를 먼저 체크해 보세요.
최상위로 가는 맞춤 학습 플랜만 있다면 내 실력에 꼭 맞는 교재를 선택할 수 있어요!
단계에 따라 내 실력을 진단해 보고, 다음 학습도 야무지게 준비해 봐요!

첫 번째, 단원평가의 맞힌 문제 수 또는 점수를 모두 더해 보세요.

단원	맞힌 문제 수	OR	점수 (문항당 5점)
1단원			
2단원			
3단원			
4단원			
5단원			
6단원			
합계			

※ 단원평가는 각 단원의 마지막 코너에 있는 20문항 문제지입니다.